[波]安杰伊·克鲁塞维奇 著

宋佳蓉 桑笑宇 译

自然观察探索百科丛书

哺乳动物大百科

四川科学技术出版社

图书在版编目（CIP）数据

哺乳动物大百科 / (波) 安杰伊·克鲁塞维奇著；宋佳蓉, 桑笑宇译. -- 成都 : 四川科学技术出版社, 2024.10. -- (自然观察探索百科丛书). -- ISBN 978-7-5727-1558-7

Ⅰ. Q959.8-49

中国国家版本馆CIP数据核字第2024P4C484号

审图号：GS川（2024）146号

著作权合同登记图进字21-2024-067号

自然观察探索百科丛书
ZIRAN GUANCHA TANSUO BAIKE CONGSHU

哺乳动物大百科
BURU DONGWU DA BAIKE

著　　者　[波]安杰伊·克鲁塞维奇
译　　者　宋佳蓉　桑笑宇

出 品 人　程佳月
责 任 编 辑　潘　甜
助 理 编 辑　余　昉
选 题 策 划　鄢孟君
特 约 编 辑　李文珂
装 帧 设 计　宝蕾元仁浩（天津）印刷有限公司
责 任 出 版　欧晓春
出 版 发 行　四川科学技术出版社
　　　　　　成都市锦江区三色路238号　邮政编码：610023
　　　　　　官方微博：http://weibo.com/sckjcbs
　　　　　　官方微信公众号：sckjcbs
　　　　　　传真：028-86361756
成 品 尺 寸　230 mm×260 mm
印　　张　$9\frac{2}{3}$
字　　数　193千
印　　刷　宝蕾元仁浩（天津）印刷有限公司
版次/印次　2024年10月第1版 / 2024年10月第1次印刷
定　　价　78.00元

ISBN 978-7-5727-1558-7

邮　　购：四川省成都市锦江区三色路238号新华之星A座25层　邮政编码：610023
电　　话：028-86361770

作者的话

　　动物园是一个充满乐趣的地方，你会在这里认识各种各样的动物，你还可以尽情地观察动物，听它们的叫声，感受它们的气味。

　　相比亲身前往动物园，书籍或者电影无法带来相同的情感体验，不过它们都有一个好处，那就是会在我们心间埋下一颗种子。说不定日后我们就会亲身前往动物栖息地，发现动物的奥秘。这本装帧精美的《哺乳动物大百科》里有大量插图，能帮助你了解各种各样有趣的动物。

　　野生哺乳动物非常难观察。它们大多在晚上活动，通过气味和人类无法听到的声音传递信息，因此它们身上充满神秘感。我们大多数时间只能远远地观察它们，追随它们的行踪，寻找它们的觅食地点。所以，若想近距离观察动物，我们可以去动物园，那里可以近距离观察许多珍贵的动物。很多动物其实并不惧怕人类，也不介意将自己的生活习性展示给我们，还有些动物特别喜欢照相，让我们得以看到它们特殊的生活智慧、有趣的外观以及让人惊叹的繁衍后代的方式。

　　请翻开这本书读一读，读完以后可以前往动物园。动物们在等着你！

安杰伊·克鲁塞维奇

目录

5

非洲水牛

Syncerus caffer

体长： 280～340 厘米
尾长： 60～80 厘米
体重： 600～1 000 千克
野生寿命： 20 年

非洲水牛
犄角如盘发

非洲水牛是一种很有辨识度的动物。它的头上长着标志性的犄角，末端向上弯起，占据了整个头顶。非洲水牛也被叫作非洲野水牛或好望角水牛，分布于撒哈拉沙漠以南的广大区域。

毛色为棕黑色

微微隆起的牛背

在额头相交的犄角（雌雄皆有）

强健的身躯

稀树草原上的居民

非洲水牛有多个亚种，大多生活在非洲的稀树草原上，不过森林野水牛例外，该亚种更喜欢待在茂密的热带森林中。

成年非洲水牛没有任何天敌。即使是狮群也是以捕食幼牛或者老牛为主，偶尔狮群会围攻健壮的离群落单的牛。

狮群共享非洲水牛

数量锐减

过去，非洲水牛十分常见。如今整个非洲大陆上，它们的数量已经不足百万头。有调查显示，过去几十年间，由于人类和家畜对它们栖息地的挤占，非洲水牛的数量缩减至原来的几十分之一。

繁衍后代

雌性非洲水牛孕期为11个月，平均每两年产一头幼崽。在产崽时，雌性非洲水牛会离开牛群。

驱虫的好帮手

非洲水牛的身上总有一些小鸟停留，这些小鸟是非洲水牛的好伙伴，能够吃掉它们身上的血吸虫。

7

寻找水源

旱季时，非洲水牛会成群结队地不断迁徙，寻找水源和草场，有时一个群体中水牛的数量会超过2 000头。一头成年非洲水牛每日需摄取30~40升水，如果连续好几日没进水，它们会很快死亡。

南非克鲁格尔国家公园中的
非洲水牛群

降温防晒

高温时，非洲水牛会让身体浸泡在水中或者泥浆中以防晒。当离开泥浆后，晒干形成的泥块同样具有防晒作用。

亚洲水牛

Bubalus arnee

体长： 250～300 厘米
尾长： 60～80 厘米
体重： 500～1 000 千克
野生寿命： 25 年

亚洲水牛
泥浆浴爱好者

亚洲水牛体形庞大、体格健壮，非常适应南亚炎热潮湿的气候。野生亚洲水牛的数量正不断减少，目前仅存几千头，濒临灭绝。

毛色呈黑色、棕色或者灰色

弯弓状的犄角
（雌雄皆有）

宽大的
牛蹄

家养水牛

家养水牛是由野生水牛培育而来，十分常见。家养水牛的体形比它们的祖先要小，常被用来犁地、拉货。除此之外，水牛肉和水牛奶也是营养价值极高的食物。

人们常用水牛来犁地

著名奶酪

从古罗马时代开始，亚平宁半岛南部就开始饲养水牛了，享誉全球的马苏里拉奶酪就源自水牛奶。

泥浆中的欢乐时光

在夏季每天最热的几个小时里，水牛会待在水塘或者泥浆里。泥浆可以帮助它们有效抵御水蛭、马蝇以及血吸虫的叮咬。

繁衍后代

雌性亚洲水牛孕期为320~340天，几乎全为一胎，雌牛会细心照料幼崽，直到下一个新生命的到来。

进攻利器

野生成年亚洲水牛拥有傲人的犄角。不过人类喜欢挑角小的水牛来养殖，这也是家养水牛的角比较小的原因之一。

美洲野牛

美洲野牛

Bison bison

体长： 220～300 厘米
尾长： 50～60 厘米
体重： 700～1 100 千克
野生寿命： 20 年

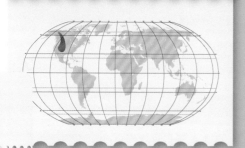

美洲野牛
正在消失的美丽风景线

过去，美洲野牛会成群结队地在北美大陆上寻找草场和水源，数量超过百万头。印第安人会用这种牛的皮制作帐篷、睡铺和衣柜，用这种牛的角来做图腾以及饰物，这种牛的肉则会被熏烤、风干、盐渍，然后用来做干肉饼。

短角（雌雄皆有）

短粗的脖子

微微隆起的牛背

硕大的牛头

长有长毛的胸部

野牛家庭

美洲野牛是喜欢迁徙的草原野牛，主要生活在水草丰美的平原。此外还有美洲森林野牛，栖居于森林，仅在加拿大西北部以及美国阿拉斯加有少量分布。

数量锐减

19世纪，美洲野牛被新到来的定居者大量猎杀，近乎灭绝。现在，这种凶猛的哺乳动物在野外存有大约3万头。

美洲野牛是欧洲野牛的近亲

美国黄石国家公园里的美洲野牛群

杂交野牛

美洲野牛可以和家养奶牛以及牦牛杂交。杂交品种拥有不同寻常的体形。

繁衍后代

雌性美洲野牛怀胎9个月后生下幼崽。幼崽一出生就能够站立行走，母牛在生产期间并不离开牛群。幼崽出生8个月后离开母牛，3岁大时成年。

幼牛

三带犰狳
Tolypeutes tricinctus

体长： 30～40 厘米
尾长： 6～10 厘米
体重： 1～2 千克
野生寿命： 12～15 年

三带犰狳
动物？球？

三带犰狳主要生活在南美洲中部的大查科平原。三带犰狳的大部分身体被骨质甲覆盖，这可以保护它们免受小型哺乳动物的攻击。

身体上覆盖着骨质甲

三角形的头部

腹部有较密的毛

脚部短小，长有爪子

三带犰狳蜷缩成球

三带犰狳的生活

三带犰狳的庇护所常常是腐烂的树干、石洞或者是其他动物遗弃的洞穴。当它受到惊吓时，会立马蜷缩成球状，这令许多哺乳动物对它束手无策，但不包括豹类和人类，它的骨质甲壳并不防水和火。有的品种的三带犰狳善于游泳，可以屏住呼吸在水底穿行几分钟。

另一种"刺猬"

三带犰狳是夜行动物，主要食用各种无脊椎动物、小型脊椎动物以及植物有营养的部位。它不介意吃腐肉，因此，人们时常会在路边见到三带犰狳，它们会在那里找到被车辆轧死的动物——它们自己时常也是受害者，当有车来时，它们并不逃跑，而是选择蜷缩成球，这直接导致了它们悲惨的结局。就饮食、生活习性和天敌来说，它们和刺猬非常相似。

繁衍后代

三带犰狳的繁衍速度取决于食物是否充足，所以在旱季这种动物不会寻找配偶。三带犰狳的孕期和与它相当的动物相比会更长，因为雌性犰狳身体内的胚胎会等候适宜的发育时机。雄性三带犰狳有各自的领地，不会参与饲养后代。三带犰狳的后代数量并不多，刚出生的三带犰狳发育非常快，这是为了能跟在母亲后面一同寻找食物。

13

团成一团的三带犰狳

雌性犰狳和幼崽

披毛犰狳

除了三带犰狳，南美还有一种披毛犰狳。这种犰狳的耳朵硕大，并且在所有犰狳的种类中毛最为旺盛。它无法蜷缩成球，但会挖掘洞穴。它们对新环境的适应能力很强。这种犰狳不属于受法律保护的物种，且会破坏农作物，因此人们会捕杀它们。

披毛犰狳

袋獾

Sarcophilus harrisii

体长：50～80厘米
尾长：25～30厘米
体重：1～12千克
野生寿命：

袋獾
烦人的噪声制造者

袋獾曾被称为"魔鬼的宠物"。人们这么叫袋獾是因为它在夜晚会发出可怕的尖叫声。另外，因为时常攻击家禽和绵羊，袋獾并不招人喜欢，当它们因为偷窃被抓时不但不会逃跑，还会用尖叫和牙齿恐吓人类。

身体强壮且敦实

细长的尾巴

毛短而黑

胸部和臀部有少量白色的毛

塔斯马尼亚岛特有物种

目前，野生袋獾仅生存在澳大利亚南侧的塔斯马尼亚岛上。不过，在几千年前，澳大利亚大陆也是袋獾的栖息地，那里的袋獾最终因引入物种澳洲野犬而灭绝。如今，野生袋獾不超过2万只，属于濒危物种。

食肉有袋动物

袋狼灭绝后，袋獾成为地球上现存最大的食肉有袋动物。袋獾嗅觉灵敏，可以轻而易举地找到腐肉。有时它们也会捕食比自己小的动物。袋獾喜欢尖叫，互相之间喜欢追逐、打斗和撕咬，擅长游泳和爬树，多在夜晚活动。

4个幸运儿

虽然有袋动物的孕期只有3周，但这对有袋动物来说很正常。袋獾幼崽出生时全身光溜、没有视力，不过前爪非常有力。雌性袋獾一次会生产超过20只幼崽，然而只有最强壮的4只幼崽能够成功进入雌性袋獾的育儿袋，雌性袋獾的育儿袋中有4个乳头，幼崽必须在接下来100日的发育期通过乳头获取营养。从母亲的育儿袋中出来时，幼崽体重约200克，看起来就像是成年袋獾的缩小版。幼崽在9个月大时开始独立生活，这差不多是它们离开育儿袋后半年。

澳洲野犬

Canis familiaris dingo

体长： 90 ~ 120 厘米
尾长： 30 ~ 40 厘米
体重： 12 ~ 24 千克
野生寿命： 最多 16 年

澳洲野犬
喜欢大吼大叫的家伙

有研究显示，澳洲野犬的祖先是家养犬，大约于3 500年前被引入澳大利亚大陆。它们现分布于澳大利亚和新几内亚，不过，有动物学家认为，它们和东南亚的野生犬种有亲缘关系。

一些澳洲野犬的嘴部、胸部和爪部呈白色

直立的耳朵

尾巴上长而浓密的毛

较短的毛

澳洲野犬的习性

澳洲野犬和家犬在体形、习性等方面很相似，两者可以杂交，不过澳洲野犬的头盖骨构造有些不同。澳洲野犬会通过家庭群体之间的合作来获取食物，一个群体中通常有十几条犬。澳洲野犬主要捕食袋鼠等有袋动物，以及蜥蜴、野兔、家养动物等。

群体内的交流

澳洲野犬在群体内优先通过尖叫、咆哮的方式互相沟通。有人认为，澳洲野犬不会吠叫，但这并不属实。它们的吠叫比较罕见、短促，一般是为了让幼犬或者群体内的其他同伴注意危险。

新几内亚歌唱犬

新几内亚歌唱犬得名于它们独特的叫声，是澳洲野犬的近亲，这种歌唱犬也是野犬，从未被人类驯服。有专家认为，它们大约6 000年前从家犬自然演化而来，保留着许多迥异于当下家犬的原始特征。不过很遗憾，这种歌唱犬如今在野外极其稀有，近乎灭绝。

白天，澳洲野犬在休息

新几内亚歌唱犬

除了红色品种的澳洲野犬，还有金沙色、褐色等颜色的品种

繁衍后代

澳洲野犬在秋末进入发情期。有研究显示，澳洲野犬和家犬相似，澳洲野犬经过63天的孕期后产下幼崽，每胎最多可以达到10只，幼崽在出生半年后开始独立生活，在两年后完全成熟。得益于群体生活的习性，澳洲野犬成员之间会互相扶持。不过，很多幼崽仍然活不过一个月。

幼崽

正在嬉戏的幼犬

威胁

澳洲野犬可能会感染家犬身上的病菌，除此之外，它们还可能因意外或者杂交而死亡。目前，澳大利亚农民还在捕杀澳洲野犬，因为它们会破坏庄稼。

大羚羊

Tragelaphus oryx

体长： 200～300 厘米
尾长： 60～90 厘米
体重： 雄性 700～1 000 千克；
　　　　 雌性 400～600 千克
野生寿命： 最长 25 年

大羚羊
最大的羚羊

大羚羊是目前世界上最大的羚羊之一。雄性大羚羊的身高甚至可以达到180厘米。大羚羊美丽的犄角就像一根冰柱，有时甚至会长到70厘米，这对犄角有着极高的经济价值，因此让大羚羊成了猎人的目标。

螺旋状的犄角
（雌雄皆有）

略微隆起
的脊背

下垂的皮

群体内的交流

　　尽管大羚羊体形庞大，但并不影响它的身手。成年大羚羊可以跳过高达两米的障碍物。有趣的是，大羚羊在奔跑时蹄子会互相碰撞，发出一种特别的声音。这种声音也是一种警告，提醒族群内的其他羚羊快速躲开。除此之外，大羚羊还有一种警告方式，那便是响亮的叫声。

独居和群居生活

　　成年雄性大羚羊一般独自生活，雌性大羚羊会带着幼崽群居，有时一个群体中的数量会达到几十头。每年十二月末至次年一月初，一些雄性大羚羊会加入雌性大羚羊群并争夺首领的地位。争夺成功的雄性大羚羊会与雌性进行交配，雌性大羚羊在经历9个月的孕期后，会生下一头重约30千克的幼崽。幼崽几乎一出生就能站立。不过在生命的头一个月，幼崽很少出来活动，母亲会悉心照顾它，每天哺育好几次。一个月后，幼崽才会加入母亲的族群。大羚羊哺乳期长达半年，不过幼崽会和母亲待上一年，直到母亲再次怀孕。有调查显示，雌性大羚羊在3岁时性成熟，雄性大羚羊则是在4岁，不过只有它们长至5岁时才有机会成为族群首领。

天敌

　　狮子是大羚羊的天敌，不过健康强壮的成年大羚羊很少会命丧狮口。幼年大羚羊不仅是狮子的猎物，还会被野犬和豹子盯上。

雌性大羚羊和幼崽过着群居的生活

雄性大羚羊在打斗

大羚羊居住在森林边缘或者稀树草原，它们的主要食物是树叶、草等

马岛獴

Cryptoprocta ferox

体长： 60～85 厘米

尾长： 60～80 厘米

体重： 5～9 千克

野生寿命： 野生寿命较短，圈养可达 20 年

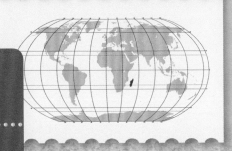

马岛獴
狐猴的天敌

　　马岛獴只存在于马达加斯加岛上，是这座岛屿的特有动物。它们的出没范围从马达加斯加岛的海滩一直绵延到山区，但不会栖息在高山带以及没有树林的地区。目前人类对它们的生活习性了解很少。

灰棕色短毛

圆耳

圆眼

长尾巴

可以伸缩的
爪子内翻

数量

　　马岛獴是濒危物种，野生数量可能只有2 500只。

生活习性

马岛獴是马达加斯加岛上最大的食肉目动物。它们捕食小型脊椎动物，其中近半数为狐猴。除此之外，它们也捕食一些无脊椎动物。马岛獴是独居动物。雄性马岛獴只在发情期短暂和雌性马岛獴相处，雌性马岛獴会和幼崽一同捕猎，这时可见它们成群结队的场景。这种动物无论白天还是夜晚都很活跃，不过午后高温时段会休息。它们白天活跃的主要原因是要捕猎。马岛獴大部分时间都待在树上。它们会在树枝间跳来跳去，长尾巴能够让它们轻而易举地保持平衡。它们还喜欢温暖、水源丰富的地方。

命名

英国医生爱德华·腾纳尔·本内特在1833年得到的一份画稿中首次描述了马岛獴。这种动物被归类为灵猫科非洲灵猫属，学名为马岛獴。不久后，动物学家们便推翻了这一结论，重新将其划定为食蚁狸科。

交配时节

马岛獴一般在树上进行交配。在交配时节，雄性马岛獴常常互相攻击。雌性马岛獴通常在宽敞的树洞或者石洞里独自生产后代。马岛獴每胎有1~5只幼崽，幼崽一岁后开始独立生活，在接下来的两年逐渐性成熟，雄性马岛獴的成熟期通常晚于雌性。

马岛獴的长相很像美洲狮

猎豹
Acinonyx jubatus

体长： 110~150 厘米
尾长： 70~90 厘米
体重： 30~65 千克
野生寿命： 最长 14 年

猎豹
敏捷如箭

猎豹的脸上有标志性的
黑色条纹

猎豹是一种特别的猫科动物。这种动物的标志性特征在它的拉丁学名中有所体现，"acinonyx"意为"不动的爪子"，猎豹就如许多猫科动物那样不会收缩爪子。幼年猎豹头的后部长有鬣毛。

黑色斑点

不大的头

硕大的胸肌

长腿

王猎豹

奔跑中的猎豹

近亲

 动物学家们识别了5种猎豹亚种以及1种名叫王猎豹的变异种。王猎豹的特点是脊背处长有黑色长条。尽管存在多个亚种，但它们之间的基因差别非常小。有一种解释是，最近一次冰川时代，95%的猎豹死亡，只有很小一部分活了下来，衍生出了今天的品种。

数量

 有调查显示，全球至多有7 100头野生猎豹，另外在动物园中还有少量圈养猎豹。

成长过程

 雌性猎豹孕期为3个月，每胎会生下3~5头幼崽。幼年猎豹跟随母亲学习捕猎，这种状态会持续大约一年半，之后幼崽必须独立生活。幼崽独立后的第一个月困难重重，90%的幼年猎豹会在这个阶段死亡。它们必须学会捕食幼年羚羊，同时避免鬣狗、野犬、狮子甚至是其他猎豹抢食它们的战利品。

赛跑大师

 猎豹主要生活在广阔的稀树草原以及热带草原。它们可以快速奔跑追捕猎物，这是因为猎豹有发达的腿部肌肉，而且巨大的肺活量可以为它们的狂奔提供充足的氧气。猎豹追逐猎物的速度有时甚至可以超过100千米/时，是陆地上奔跑最快速的动物。不同于喜欢夜晚觅食的其他大型猫科动物，猎豹主要在白天活动。

幼崽脊背部有标志性的毛

幼年猎豹学习捕猎

西非大猩猩
Gorilla gorilla

东非大猩猩*
Gorilla beringei

身高： 雄性180 (160) 厘米；
雌性150 (130) 厘米

体重： 雄性不超过 210 千克；
雌性不超过 90 (80) 千克

野生寿命： 不超过 35 年

*括号中的是东非大猩猩的数据。

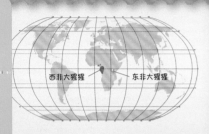

西非大猩猩　　　　东非大猩猩

大猩猩
和人类有相同的祖先？

大猩猩是最大的灵长目人科动物。它们有血型，手指上也有指纹，这更提醒了我们，它们或许和人类拥有相同的祖先。

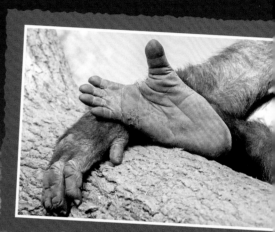

大猩猩的手指和脚趾上可见清晰的指纹

成年雄性大猩猩
脊背呈银色

东非低地大猩猩

前肢比后肢长

泛蓝的黑毛

山地大猩猩

短毛，略带棕色

复杂的归类

最初，大猩猩属下有两个物种，低地大猩猩和山地大猩猩。但之后的研究表明，这两种远隔1 000千米的大猩猩并不相同，于是它们被划归为两个物种：西非大猩猩和东非大猩猩。这两个物种之间存在形态上的不同，西非大猩猩又被分为西非低地大猩猩及克罗斯河大猩猩；东非大猩猩则被分为山地大猩猩及东非低地大猩猩。

也有人将成年雄性大猩猩叫"银脊背"

素食者

大猩猩主要吃树叶和水果。成年雄性大猩猩每日大约吃25千克食物。大猩猩很少喝水，它们身体所需的水分主要来自吃下的树叶和水果。

不祥的"微笑"

虽然大猩猩在树上行动自如，但是只有幼年大猩猩和未生育的雌性大猩猩喜欢这么做。雄性大猩猩则喜欢生活在地面。大猩猩会通过有节奏地捶打胸部赶跑潜在的敌人。有研究认为，情况危急时，雄性大猩猩会露齿"微笑"——因此不能对大猩猩微笑，因为这可能会遭到它们的攻击。

群居生活

大猩猩过着以多代家庭为单位的群居生活，其中成年雄性大猩猩为首领。雌性大猩猩孕期为8个半月，产崽后3~4年会再次受孕，因为在这之前它必须照顾幼崽。雌性大猩猩10~12岁性成熟，雄性大猩猩则在11~13岁。

雌性大猩猩和幼崽

普通疣猪

Phacochoerus africanus

体长： 90 ~ 150 厘米
尾长： 15 ~ 30 厘米
体重： 45 ~ 150 千克
野生寿命： 最长18 年

疣猪
因疣得名

　　疣猪的脸颊两侧长有奇怪的鬃毛以及突出的獠牙，让人想起电影《美女与野兽》里的那个怪物。事实上，疣猪的长鼻子、獠牙和野猪极为相似。这两种动物的部分习性相近。疣猪的栖息地主要是草原、稀树草原以及森林边缘，它们也像野猪那样喜欢戏水，在泥浆中打滚儿。

脊背上有很长的鬃毛

弯曲、翘起的獠牙

强壮的长鼻子

疣

家族生活

疣猪常待在自己挖的洞里。一般整个疣猪家族会占据一个洞。这样既能够抵抗炎热，又能够保护家族不被掠食者攻击。成年雄性疣猪会创建自己的小群体，不过在它们长到一定程度前很难成功求偶。

疣猪会弯曲前腿，用这个姿势来吃草或者挖土

疣猪，尤其是幼年疣猪的天敌有狮子、豹、鳄鱼、野犬、鬣狗等

疣猪的武器

雄性疣猪拥有傲人的獠牙。疣猪的下獠牙一般比上獠牙短，但很锋利，犹如匕首一样。獠牙用于雄性疣猪间的决斗、抵御其他动物的攻击以及挖土。

繁衍后代

雌性疣猪在经历半年的孕期后会在洞中产下2~8头幼崽（3~4头最为常见）。幼崽刚出生时显得安静而笨拙。雌性疣猪会照顾幼崽几个星期。雌性疣猪之间关系友好，常会联合起来照顾幼崽。

疣猪的食谱

疣猪以素食为主，主要食用草、水果、块茎等，除此之外，它们偶尔也食用鸟蛋、幼鸟以及无脊椎动物，甚至会食用腐肉。

疣猪喜欢泥浆浴

斑鬣狗
母系社会的群居动物

斑鬣狗

Crocuta crocuta

体长： 90～160 厘米
尾长： 20～35 厘米
体重： 35～85 千克
野生寿命： 25 年

斑鬣狗的形态有些奇怪，肩高臀低。这种动物的社会结构十分有趣，大多数斑鬣狗族群为世袭制，由成年雌性斑鬣狗担任族群首领。

不规则的斑点或斑块

大耳朵

前肢一般
较后肢长

数量锐减

由于人类的捕杀和栖息地的丧失，斑鬣狗面临着灭绝的威胁。

凶猛的斑鬣狗

斑鬣狗是鬣狗科中体形最大的。它们的族群中存在着严格而又复杂的等级制度。一般来说雌性斑鬣狗占据领导地位，它们比雄性斑鬣狗更大、更强壮，也更具有攻击性。成年雌性斑鬣狗组成了族群的领导阶层，幼崽和成年雄性斑鬣狗组成族群的其他部分。一个斑鬣狗族群的斑鬣狗数量通常可以达到几十头。这种动物能够围猎稀树草原上的大多数动物，甚至狮子遇到斑鬣狗群也有被猎杀的风险。

繁衍后代

斑鬣狗的孕期一般为3~4个月，每胎一般产两崽。斑鬣狗幼崽在巢穴中出生。整个斑鬣狗群都会担当哺育后代的重任。同一群体内的雌性斑鬣狗一般在共同的巢穴中繁衍后代。

棕鬣狗

棕鬣狗更加温和，族群更小。相较于斑鬣狗，棕鬣狗主要生活在稀树草原上食物资源较为匮乏的地带。它们的食物主要是腐肉和小型动物。棕鬣狗也喜欢食用水果，特别是汁水充足的新鲜水果，水果能为它们的身体补充水分。

个头最小的条纹鬣狗

条纹鬣狗的体形较小，栖息地离人类聚居地不远，它们甚至还生活在成堆的垃圾山中。条纹鬣狗喜欢吃腐肉、小型哺乳动物等。

幼年斑鬣狗全身毛色较深，随着年龄的增长颜色会变浅

棕鬣狗全身长满深褐色长毛，这让它显得比实际更大

条纹鬣狗身上长有黑色条纹，后颈部鬣毛明显

河马

Hippopotamus amphibius

体长： 350～500 厘米

尾长： 25～30 厘米

体重： 雄性1 500～4 000千克；
雌性1 000 千克

野生寿命： 45 年

河马的獠牙十
分锋利、强劲

河马
危险的巨兽

　　对人类来说，河马是非洲大陆上最危险的动物之一，它造成过很多起人命事故。雄性河马拥有自己的领地，在自己的领地上它们不会避让任何车辆，甚至还会攻击进入自己领地的行人。尽管河马看起来很笨重，但是它可以用约30千米/时的速度飞奔一小段距离，并且，它还是个潜水健将。

裸露的
皮肤

小耳朵

宽嘴

短腿

红色物质

我们有时会说一些人的脸皮像河马皮一样厚。事实上，河马的皮确实很厚，达几厘米。在阳光暴晒下，河马的皮肤会分泌一种浓稠的红色物质，这能够帮助河马免受炽热阳光的伤害。以前，人们以为河马流的汗是血，不过后来才发现，这种红色物质在阳光下逐渐会变成棕色，并不是血。有调查显示，这种红色物质还是高度酸性的，有多种功效，如帮助伤口愈合等。

离不开水的生活

河马在水中非常敏捷。它的趾间有膜，能够帮助它潜水。河马可以潜水，不过每隔几分钟就要把脑袋伸出水面。

社会生活

河马是一种群居动物，族群一般由雄性河马守护，雌性河马必须向雄性河马表示服从。这种生活方式可能是为了让庞大的族群度过缺水的旱季。

繁衍后代

河马孕期一般为8个月，小河马出生后会被照顾一年，因此成年雌性河马大约每两年才会生育一次。新生的小河马体长约1米，重30~40千克。河马生出双胞胎的情况十分鲜见。河马的交配、生育和哺育都在水中进行。雌性河马在7~9岁时性成熟，而雄性河马则要晚个2~3年。

有趣的是，雄性河马的领地只包含水中区域，并不包括陆地，所以河马群会一同上岸吃草。河马不能忍受自己领地周围有鳄鱼或者人类的存在。

河马夜晚在陆地上吃草，白天则在水里休息

雪豹

Panthera uncia

体长： 110～130 厘米
尾长： 80～100 厘米
体积： 35～65 千克
野生寿命： 15 年

雪豹
雪域居士

雪豹是一种十分特别的猫科动物，虽然不是一夫一妻制，但观察者发现一对雪豹经常待在一起，共同享用狩猎获得的动物。这种生活方式对该类动物非常有利。雪豹喜欢待在高耸陡峭的高山地区，比如喜马拉雅山脉、青藏高原等。

厚厚的皮毛

短嘴

长尾巴

宽大的爪子

雪豹数量越来越少

目前能够观测到的野生雪豹仅有几千头，不过具体数目是多少无人知晓。雪豹善于隐藏在人类难以抵达的地带，有时它们生活的地方海拔甚至达到6 000米。雪豹只在冬季到海拔较低的地带生活，不过这通常也高于森林覆盖的地区。

共同的祖先

有研究认为，雪豹和老虎拥有共同的祖先，这两种动物在大约200万年前分化。

雪豹的长尾巴有利于它们在陡峭的山间行进时保持平衡，而厚厚的皮毛则有利于它们保暖

33

威胁与保护

雪豹因为捕食牛、绵羊、山羊等家畜，所以时常遭到人类的捕杀；人类迷信它们的内脏和骨头磨成的粉末具有治病的功效，也会因此捕杀它们；人们还想得到它们美丽的皮毛，进而对它们进行捕杀。目前相当一部分雪豹的栖息地未得到保护，动物园担当了繁殖雪豹的重任。

雪豹的菜单

雪豹昼夜都会捕猎。白天，它们会捕食岩羊、北山羊、捻角山羊、野山羊、塔尔羊、羚牛。它们有时也会捕食鸟类，以及啮齿动物，比如地鼠、鼠兔。比较有趣的是，它们也会食用一些植物的根部。目前尚不知晓这是为了补充纤维素、维生素或者盐分，还是为了维持健康。

繁衍后代

在大约100天的孕期后，雌性雪豹会产下2~3头幼崽，并且照顾它们直到下一次生产。雄性雪豹待在山洞里的时间很少，雌性雪豹会在洞中享用雄性雪豹带回的食物。有研究显示，食物充足时，雄性雪豹的责任并不艰巨，而且会照顾雌性雪豹以及幼崽。

雪豹夫妇

雪豹幼崽

美洲豹

Panthera onca

体长： 120～180 厘米
尾长： 45～70 厘米
体重： 40～90 千克
野生寿命： 20 年

黑美洲豹

美洲豹
美洲最大的猫

美洲豹栖息在从北美南部延伸到南美南部的广阔地带。它们生活在各种各样的森林和开阔地带。印第安人不会捕杀美洲豹，在他们眼中这是一种神圣的动物。欧洲人来到美洲大陆后，为了获得美洲豹珍贵的皮毛，他们大量捕杀美洲豹。

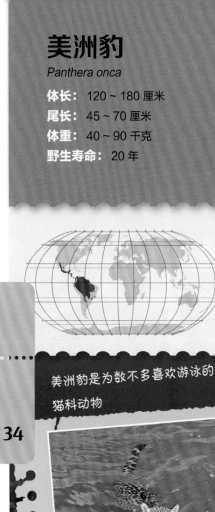

美洲豹是为数不多喜欢游泳的猫科动物

硕大的头

短粗的尾巴

斑点

黑色的美洲豹

除了常见的美洲豹以外，还有黑色的美洲豹，即黑美洲豹。黑美洲豹在大自然中十分稀有，可能只占群体总量的6%。凑近看，黑美洲豹的黑色皮毛上其实分布有颜色深一些的斑点。

独居生活

美洲豹是一种独居动物，它会守护自己的领地，雌雄美洲豹只会在发情期见面。雌性美洲豹在两岁时性成熟，雄性则是3~4岁。在短暂的交配期后，雌性美洲豹会回到自己的领地，然后在100天的孕期后产下2~3头幼崽，一般很少超过3头。在幼崽能够完全独立生活之前，雌性美洲豹会一直照顾它们。

知名猎手

美洲豹的食物包括龟、巴拉圭凯门鳄、蟒蛇、貘、水豚等。除此以外，它们还会食用猴子、树懒、西貒、鹿、犬和狐狸。美洲豹能够捕食巴拉圭凯门鳄是因为它们拥有强健的下颚以及锋利的牙齿，可以咬穿巴拉圭凯门鳄坚硬的头骨。

近亲

美洲豹是栖息在非洲和亚洲地区的豹子的近亲，它们拥有相同的祖先，美洲豹通过很久以前连接欧亚大陆的冰原抵达北美洲。起初，美洲豹栖息在白令海峡附近，之后来到了美洲大陆的南端。

美洲豹捕食巴拉圭凯门鳄

牦牛
Bos grunniens

体长： 200~300 厘米
尾长： 50~60 厘米
体重： 500~1 000 千克
野生寿命： 25 年

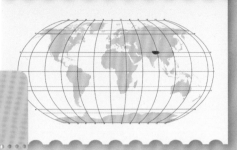

牦牛
长毛巨兽

牦牛身上又长又密的毛使得它们可以抵抗零下50摄氏度的低温。牦牛可以毫无困难地从雪堆中找到植物。得益于此习性，牦牛可以栖居在喜马拉雅山脉的高山牧场上。然而，现存牦牛大多被驯化，野生牦牛的数量不断减少，目前大约有1.5万头。

隆起的牛背

弯曲的角

厚厚的毛

野生牦牛

　　野生牦牛比家养牦牛大, 犄角也明显更长, 但颜色基本没有什么区别。野生牦牛主要栖息在中国的青藏高原地区, 在南亚和东南亚地区也有少量分布。

家养牦牛

　　家养牦牛在青藏高原十分常见。牦牛产奶、产毛, 肉可以食用。它们可以和家养的牛杂交, 这种杂交品种更容易在低海拔地区生存。牦牛不仅可以与家养的牛一起杂交, 也可以和大多数品种的牛杂交, 比如野牛。

繁衍后代

　　成年雄性牦牛过着离群索居的生活, 不过成年雌性牦牛会和幼崽一道生活。雌性牦牛的孕期一般为260~270天, 小牛一般在5月或6月出生, 雌性牦牛会照顾小牛一年。雌性牦牛的生育期仅为生命的头十几年光阴, 雌性牦牛每两年生产一头幼崽。

牦牛身上的宝

　　亚洲高海拔地区的居民利用牦牛从事农业生产及运输活动。除此之外, 牦牛还会产油脂含量极高的奶, 可用于制作酥油和乳酪。牦牛奶制作的酥油是酥油茶的重要原料, 常和盐一起调制。人们在冬季还喜欢在菜肴中加入干燥的牦牛血, 以及风干的牦牛肉。

背负重物的牦牛

雌性牦牛和幼崽

家养牦牛的多色皮毛

非洲冕豪猪

Hystrix cristata

体长： 60~90 厘米
尾长： 8~15 厘米
体重： 10~15 千克
野生寿命： 14 年

38

非洲冕豪猪
危险的刺

非洲冕豪猪看起来就像一个布满尖刺的布枕头，尖刺像烧烤用的签子，长度可达40厘米。当非洲冕豪猪遇到危险时，它们会竖起刺来，利用棘刺御敌。

白黑相间的棘刺

可以竖起的翎毛

小眼睛

强劲的爪子

圆钝状的嘴巴

知足的素食者

非洲冕豪猪是啮齿动物。成年非洲冕豪猪时常陪伴幼崽，有时甚至同时和好几只幼崽一起生活。这种动物喜欢在地形复杂多样的干燥地区生活，特别是遍布石子、长满植物的地区。非洲冕豪猪的食物有树叶、鲜花、水果、种子、茎、根、树皮等，有些对人类来说有毒的食物它们也吃。

强大的护身法宝

非洲冕豪猪夜晚活动频繁。白天，它们会在自己挖的或者找到的洞里睡觉；有时也会藏在较深的石缝、树洞或者其他隐秘的地方。当它们觉得自己受到威胁时，会竖起棘刺，伪装成更强大的样子恐吓敌人；它们还会摇动棘刺，发出声响来恐吓敌人。即使是豹子这样的动物也知道不该挡非洲冕豪猪的路。

幼年非洲冕豪猪

繁衍后代

在经历约66天的孕期后雌性非洲冕豪猪会生下1~2只幼崽，很少情况下会出现3~4只，幼崽体形很小，只有母亲的1/30大。幼崽出生后会快速成长，外观上几乎就是成年非洲冕豪猪的缩小版。刚出生几天的幼崽棘刺很软。1~2年后它们会成年，不过成年后它们会在自己长大的洞里再生活一段时间。

亲属繁多

豪猪属分布在非洲、亚洲和欧洲地区。这类啮齿动物有8个种。除了非洲冕豪猪以外，还有开普敦豪猪、冠豪猪、马来亚豪猪、爪哇豪猪、粗棘印尼豪猪、巴拉望豪猪以及苏门答腊豪猪。

马来亚豪猪

红袋鼠
Macropus rufus

体长： 90~160 厘米
尾长： 75~120 厘米
体重： 17~90 千克
野生寿命： 最多 20 年

红袋鼠
最大的有袋动物

红袋鼠是澳大利亚的标志性动物，广泛分布在澳大利亚大陆，从荒漠深处到稀树草原，再到森林，都有它的身影。红袋鼠是有袋动物中体形最大的。

雄性毛色呈红棕色，通常雌性袋鼠的毛色相对较灰

雄性红袋鼠比雌性红袋鼠大得多

短小的前肢

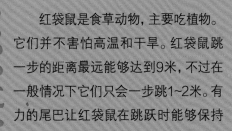

善于跳跃

红袋鼠是食草动物，主要吃植物。它们并不害怕高温和干旱。红袋鼠跳一步的距离最远能够达到9米，不过在一般情况下它们只会一步跳1~2米。有力的尾巴让红袋鼠在跳跃时能够保持平衡。

强健的后肢

有力的尾巴

繁衍后代

在约33天的孕期后，1~2只红袋鼠幼崽出生，幼崽很小，身体呈粉红色，光溜溜的。出生后幼崽会立即爬进妈妈的育儿袋中，在里面吮吸乳汁。幼崽在育儿袋中大约会待上240天，之后也会时常爬进育儿袋中，不过要是红袋鼠妈妈再次生育，小袋鼠就不被允许进育儿袋了。

打斗中的红袋鼠

拳击赛

红袋鼠从出生至性成熟的时间很短，特别是雌性红袋鼠，它们长至14个月就可以当妈妈了。雄性红袋鼠则在两岁左右性成熟，不过要想在求偶大战中取胜，它们可能还得再过个一两年。红袋鼠之间会用前肢和强劲的后肢互相攻击，这令它们的打斗看起来十分奇怪。对于年少的雄性红袋鼠来说，决斗是一项艰巨的挑战。

如何熬过高温？

红袋鼠十分耐高温。它们可以长时间不喝水。它们的排泄物中水分含量很少，而珍贵的水则留在了它们体内。相较于其他哺乳动物，红袋鼠的体温较低，为35摄氏度，这让红袋鼠并不需要喝很多水。红袋鼠的生活习性令它们十分适应澳大利亚的酷暑。白天，红袋鼠喜欢待在阴凉处，天黑后，它们会出来觅食。

红袋鼠易受惊吓

考拉

体长：
尾长：
体积：
野生寿命：

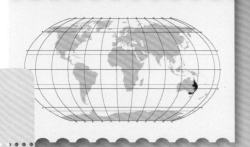

考拉
仿造的抱抱熊

目前，考拉受到澳大利亚法律的严格保护

考拉也叫树袋熊，栖息在澳大利亚东海岸的桉树林中。它的名字在当地语言中的含义为"熊"，不过这只是因为考拉毛茸茸的外观让人们误以为它是熊，事实上，它是一种生活在树上的有袋动物。

42

大耳朵

大脑袋

深色的鼻子

乳白色
的毛

灰棕色的毛

长爪子

繁衍后代

考拉的繁殖季节是澳大利亚大陆的夏季，从12月一直持续到来年3月。这期间考拉十分活跃。雄性考拉通过叫声求偶。考拉攻击性极强，特别是雄性考拉，这令人难以置信，因为我们常看到的是白天考拉正睡眼惺忪地等待日暮降临。和所有有袋动物一样，考拉的孕期很短，只有25~35天，之后幼崽出生。基本是每胎产一只幼崽，幼崽会爬进母亲的育儿袋吮吸乳汁并长大。雌性考拉每两年生一只幼崽。雌性考拉在2~3岁时性成熟，而雄性考拉则在3~4岁时性成熟。

度过高温的方法

一年中最炎热的时候，考拉会抱着树休息，科学家发现它们依附的这些树的表面温度比实际温度低，有时甚至会低7~8摄氏度。考拉在睡眠中度过最炎热的天气。据考证，考拉有时一天甚至会睡上20个小时。

榉树上的考拉

考拉妈妈背着小考拉

桉树叶爱好者

考拉动得很少，只有把一棵树上的叶子吃得差不多了，才会回到地面，然后爬上另一棵树。考拉每天最多会吃约1千克树叶。它们最喜欢的是桉树叶，不过有时也会吃其他树的叶子。

狄安娜长尾猴

狄安娜长尾猴
Cercopithecus diana

体长： 35~45 厘米
尾长： 45~50 厘米
体重： 4.5~7 千克
野生寿命： 最多 20 年

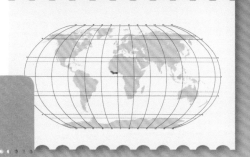

44

狄安娜长尾猴
树冠居士

狄安娜长尾猴让人觉得很吵

地球上的长尾猴都生活在非洲，其中，狄安娜长尾猴是它们之中色彩最艳丽的。这种长尾猴看起来美丽出众，全身毛色以黑白为主，背部分布有栗色的毛。狄安娜长尾猴主要居住在古老的西非热带雨林中，整天都待在高高的树上。

身体大部分毛色呈黑色

背部分布有栗色的毛

长尾巴

胡须、胸部和喉部呈白色

繁衍后代

雌性狄安娜长尾猴每年会生一只幼崽。它的孕期大约为5个月。猴妈妈会照顾幼崽6~7个月的时间。小狄安娜长尾猴在3岁时性成熟，如果是雌性狄安娜长尾猴，它们会选择留在猴群，雄性狄安娜长尾猴则面临艰难挑战，因为它们必须找到新的领地，建立自己的猴群。

生活习性

狄安娜长尾猴从小就学习在树枝间跳来跳去，因为如果它们判断距离的能力不足，会让它们摔到地上，造成致命的后果。狄安娜长尾猴视力极佳，能够辨别颜色，精确判断树枝间的距离，轻而易举地观察到非常细微的移动，因此要想吓到它们并不容易。

狄安娜长尾猴身体的颜色令它们更容易在光怪陆离的森林中伪装起来。树上有很多狄安娜长尾猴的天敌，不过还是没有地面上的多，因此狄安娜长尾猴几乎不怎么下树。

群居生活更安全

狄安娜长尾猴是一种社会性动物，它们的生活方式是几代共居。猴群由雄性狄安娜长尾猴领导，群体中同时还有好几只雌性狄安娜长尾猴以及多只后代。雄性幼崽长大后会离开猴群。狄安娜长尾猴整天待在树上，寻找美味的水果、植物幼芽以及附生植物。它们还食用昆虫及其他无脊椎动物。有时，它们也吃鸟蛋和幼鸟。狄安娜长尾猴只在白天活跃，晚上则躲在高高的树上睡觉。

天生的聪慧长相

郊狼

Canis latrans

体长： 70～100 厘米
尾长： 40 厘米
体重： 13～20 千克
野生寿命： 15 年

郊狼
狼的近亲

郊狼有19个亚种。这种动物对于印第安人来说特别重要，印第安人称它为"小狼"或者"草原狼"。印第安神话中的郊狼是创造世界的动物之一。郊狼比狼的体形要小些。郊狼广泛分布于北美洲。

大耳朵

窄鼻

褐红色、棕色、灰色混合的毛色

喉部和腹部的毛色较浅

郊狼的混合品种

郊狼可以和狼或家犬杂交。郊狼与狼的杂交品种比郊狼体形大，也更强壮。

郊狼通过嚎叫来
传递信息

群体生活

郊狼过着以家庭为单位的群体生活，族群由最年长、经验最丰富的一对郊狼夫妻领导，一般来说，它们生育了这个群体中的大部分后代。郊狼只在春季求偶，这时雌性郊狼正在哺育幼崽，而首领夫妇会暂时分开。霜冻期，郊狼群的数量会增加，这样有利于它们捕猎以及防御。

捕猎

郊狼主要以啮齿动物为食，比如地松鼠和地鼠，也捕食幼年有蹄动物以及鸟类。此外，它们也吃水果和腐肉。

繁衍后代

雌性郊狼一胎可能会生6头幼崽。幼崽出生后第一个月的唯一食物就是雌性郊狼的乳汁。长大一些后，它们的食物会更加丰富，父母或者家族群里的其他郊狼会从胃里吐出食物喂给它们。

郊狼捕食小型
啮齿动物

郊狼幼崽

普氏野马
Equus ferus

体长： 180～230 厘米
尾长： 75～90 厘米
体重： 250～350 千克
野生寿命： 25～30 年

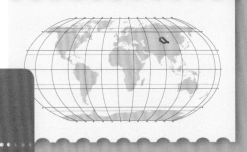

普氏野马
最后的野马

普氏野马是世界上仅存的野生马类品种。19世纪，俄国旅行家普热瓦尔斯基首次发现普氏野马，普氏野马也因此得名。

母马相较公马体形要小一些

毛色呈浅棕色

较大的头部

鼻孔处毛色较深

深色的腿部

嘴部毛色较浅

回归自然

普氏野马早期的栖息地主要分布在中亚地区的草原和半荒漠地区。后来，人们以为这种动物已经灭绝，直至在中国、蒙古国再次发现普氏野马的踪迹。近几年，将普氏野马放归大自然的行动十分流行。目前，野生普氏野马的数量正不断上涨。

群体生活

通常来说，一个普氏野马家族并不大，种群由雄马领导，还包括几匹雌马及幼崽。

繁衍后代

雌性普氏野马的孕期为307~348天，一般在春季生育。雌性普氏野马每胎会生一匹幼崽，并会照顾幼崽至少两年。

脖粗长、鬃毛短而直
是普氏野马的特征

勇敢而独立

普氏野马从未被驯化，它天性独立并且机警。为了家族的安全，雄马甚至会勇敢地赶跑狼群。

环尾狐猴
Lemur catta

体长： 35~50 厘米
尾长： 40~45 厘米
体重： 2.5~4.5 千克
野生寿命： 最长 20 年

环尾狐猴
马达加斯加岛特有物种

小电影迷们一定对动画片《马达加斯加》中的朱利安不陌生，诙谐搞笑的朱利安的原型其实就是环尾狐猴。这种动物只存在于非洲东南部的马达加斯加岛上，是这里的特有动物。

眼睛周围
有黑框

烟灰色的毛

肚子周围的
毛颜色较浅

枝丫间的生活

环尾狐猴喜欢待在较干燥的岩石地带。白天，它们十分活跃，过着群居生活，种群中的环尾狐猴数量在10~50只。晚上，环尾狐猴会待在树上或者山洞里。环尾狐猴也喜欢花大把时间在地面活动。

黑白相间
的长尾

水果爱好者

环尾狐猴的主要食物是水果、嫩叶、种子等，有时它们也会尝试昆虫或者其他无脊椎动物。环尾狐猴集体觅食的场景十分壮观，因为这时它们黑白相间的长尾巴会一起朝天竖起，对族群内的同伴来说这是一种重要信号。

奇怪的姿态

相较于朝天竖起的长尾巴，环尾狐猴晒太阳的景象也很壮观。太阳升起后，它们会让肚子朝着太阳取暖。这时，它们把前肢放在身体两边，面色和善，一动不动，就像在祈祷。

正在晒太阳的环尾狐猴

繁衍后代

野生雌性环尾狐猴在经历135天的孕期后会产下一只幼崽，只有少数情况下是两只或更多，不过对于动物园内繁育的环尾狐猴来说，双胞胎的情况倒挺常见。出生后的头两周，幼崽会待在母亲的肚子上。不久后，它会爬上母亲的背，然后逐渐习惯独自行走，不过遇到危险时幼崽还是会待在母亲身上。

尾巴朝天竖起

待在母亲背上的小环尾狐猴

51

气味标志

环尾狐猴的腋下生长着气味腺。气味腺散发的气味中暗藏着重要信息，能方便它们辨别族群伙伴以及领地。清晨，环尾狐猴在排泄后会用自己的长尾巴抹擦气味腺的分泌物，遇到邻居后，它们通过摇动尾巴传递信息。

环尾狐猴过着群居生活

二趾树懒

慵懒生活

二趾树懒

Choloepus didactylus

体长： 66～70 厘米
尾长： 已退化
体重： 4～8 千克
野生寿命： 20 年

52

二趾树懒移动十分缓慢。它们生活在亚马孙丛林的树枝上，主要在夜间活动。二趾树懒每天能睡十几个小时。

爪呈钩状

前肢有两趾

后肢有三趾

前肢比后肢长

蓬松的长毛

二趾树懒似乎永远在睡觉

小眼睛

二趾树懒的典型姿态

二趾树懒的习性

二趾树懒嗅觉灵敏，视觉和听觉不发达，因体温调节机能发育不完全，体温在20~35摄氏度浮动。它在陆地上的移动速度为每分钟7米，上一棵20米高的树需要10分钟。除此之外，二趾树懒还是个游泳健将。

像个外星人

二趾树懒的毛又长又厚，一般为棕灰色，不过它背上的毛色呈绿色，这种现象在哺乳动物中十分罕见，这是因为二趾树懒的体毛中寄居着很多藻类、细菌以及苔类植物。有学者认为，这是因为二趾树懒的四肢够不到自己的背，因此没法清理身体的这一区域。

头朝下的生活

二趾树懒几乎一生都待在树上。它倒挂在树枝上，慢慢吃着树叶。二趾树懒处于静止状态时，依靠爪子、肌腱和骨头支撑整个身体的重量。二趾树懒每周只排泄一次，它会在这时候从树上下来。二趾树懒可以通过粪便向同类传递信息。

特别的牙齿

二趾树懒的牙齿呈锯齿状，数量比较少。不像其他哺乳动物，树懒不区分臼齿、门齿和犬齿。树懒拥有18颗不停生长的牙齿，10颗在上，8颗在下。

53

背上的毛色呈淡淡的藻绿色

二趾树懒在夜间比较活跃

繁衍后代

雌性二趾树懒孕期为6~9个月，每年会生一只小树懒。雌性二趾树懒在生下幼崽后会立即找到可以支撑自己哺乳的树枝。

二趾树懒妈妈和肚子上的小树懒

狮子
Panthera leo

体长： 240～330 厘米
尾长： 90～110 厘米
体重： 120～275 千克
野生寿命： 12～20 年

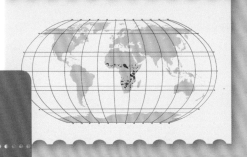

狮子
长鬣毛的大猫

狮子既是大型猫科动物的代表，又是大型猫科动物之中唯一的群居动物，它们会共同捕猎、哺育后代。过去，狮子不仅生活在非洲，还生活在亚洲。现今主要栖息在非洲，而且它们的数量正在急剧下降。印度目前还有少量的狮子分布，不过仅有数百头，濒临灭绝。

雄性狮子的个头要比雌性狮子大得多

54

背部的深色鬣毛

毛呈黄褐色

又长又细的尾巴，末端呈黑色

大脑袋

雄狮的特质

雄狮背上的鬣毛被视为地位和健康的象征，鬣毛越浓密，越能体现雄狮的强大。而且，鬣毛是雄狮求偶的重要影响因素，鬣毛越长或者颜色越深，越能够帮助雄狮获得更多雌狮的关注。当雄狮打斗时，鬣毛还具有天然的保护作用。鬣毛的状态取决于气候，生活在较为寒冷地区的雄狮常会长更为浓密的鬣毛，而生活在较炎热地区的雄狮鬣毛长度较短、稀疏。除此之外，还有不长鬣毛的雄狮，它们一般生活在极端炎热的地区。

群居生活

　　狮群一般由成年雄狮领导。雄性小狮子长大后，通常会被赶出狮群。对于干涉自己族群的其他雄狮，雄狮首领会和它们进行一番殊死搏斗。如果外来雄狮打败了雄狮首领，那么它会杀死族群中的所有幼崽。这种残酷的行为是为了尽快让雌狮发情。通过这种方式，新任雄狮首领逼迫雌狮受精，以使自己的后代更快出生。

繁衍后代

　　狮子一年四季皆可繁育，不过这取决于食物是否充足。它们的食物通常是大型有蹄类动物。旱季，狮子不会进行繁育，因为它们的幼崽难以存活。经历100~110天的孕期后，雌狮会产下1~6只幼崽。幼崽出生时没有视力，也没有自理能力，身上有斑点，体重约1千克。出生后的头两个月，小狮子和母亲待在一起，之后才会被带入狮群，群里的雌狮会协助幼狮母亲一同照顾幼崽。共同哺育令雌狮有时间外出捕猎，这种行为在猫科动物中很鲜见。小狮子在一岁半时开始独立生活。雄狮在两岁时开始长鬃毛，在5~6岁时性成熟，而雌狮的性成熟年龄在2~3岁。

有些雄狮的鬃毛并不浓密

小狮子身上有斑点

狮子家族

椰子狸

Paradoxurus hermaphroditus

体长： 40～70 厘米
尾长： 40～60 厘米
体重： 2.5～4.5 千克
野生寿命： 10 年

椰子狸
猫屎咖啡制造者

椰子狸很喜欢吃咖啡果，不过它只能消化果皮和果肉，咖啡豆会顺着肠道排出。以前，人们认为这种动物会破坏咖啡果，不过后来人们发现，椰子狸咀嚼、消化过的咖啡豆经处理制作的咖啡带有一股独特的香气。这便有了猫屎咖啡。

毛呈灰黄色或者棕黄色

身体两侧有深色斑点

嘴部的毛呈黑褐色

四肢呈黑褐色

椰子狸喜欢在白天休息

椰子狸的习性

椰子狸栖息在亚洲的热带雨林、热带季雨林及亚热带常绿阔叶林中。它们白天躲在森林中睡觉，晚上出来觅食。它们大多数时间待在树上，是攀爬能手。咖啡果并不是它们的唯一食物，椰子狸一点儿也不挑食，它们喜欢鲜嫩多汁的水果，还吃老鼠、蜥蜴和昆虫。除了交配的季节，它们平时都过着独居生活。椰子狸经常到人类居住地，给人类添点儿麻烦。

自卫的方法

当椰子狸感觉到威胁时，它们会变得焦躁不安。这时它们会分泌一种难闻的物质进行防卫。雄性椰子狸和雌性椰子狸身上都可以分泌这种具有臭味的分泌物。

繁衍后代

60天左右的孕期后，雌性椰子狸会生下2~5只幼崽。空心树桩是刚出生的小椰子狸的天然庇护所。椰子狸妈妈会哺育小椰子狸大约6个月，幼崽在一年后性成熟。

珍品咖啡

用椰子狸体内排出的咖啡豆做成的咖啡被称作猫屎咖啡，这是世界上最昂贵的咖啡之一，年产量极少。猫屎咖啡的主要消费国是印度尼西亚、美国和日本。

椰子狸体内排出的咖啡豆

大食蚁兽
Myrmecophaga tridactyla

体长： 100～130 厘米
尾长： 65～90 厘米
体重： 30～60 千克
野生寿命： 约 14 年

大食蚁兽
蚁类和白蚁的天敌

大食蚁兽主要分布于中美洲和南美洲。大食蚁兽的外观使得它极容易被辨认，不过对人们来说，它还是一种神秘的动物。

蓬松的大尾巴

毛色介于白色
至灰棕色之间

背部两侧有纵纹

向前突出的口鼻

大食蚁兽的习性

大食蚁兽过着独居生活。它们睡觉时喜欢把自己的大尾巴当作被子。大食蚁兽的嗅觉极其灵敏，能轻易找到蚁穴。不过，它们的视力极差。

大食蚁兽喜欢在腐烂的树桩上寻找蚂蚁或者白蚁，它们偶尔也会尝试捕食其他昆虫以及鸟蛋。

长舌头

大食蚁兽非常喜欢吃蚂蚁、白蚁。它们虽然嘴小且没有牙齿，但是它们的舌头长达60厘米，有助于它们吃到藏在洞穴深处的昆虫。大食蚁兽每分钟可以伸出舌头100多次，为了填饱肚子，它们每天必须吃3.5万只昆虫。

繁衍后代

在短暂的交配季节后，雌性大食蚁兽会经历大约190天的孕期，之后产下一只幼崽。大食蚁兽幼崽出生后会待在母亲的背上，同母亲一道觅食。出生的前6个月里，大食蚁兽幼崽一直吃母亲的乳汁，大约两岁后独立生活。

大食蚁兽幼崽

数量越来越少

目前，大食蚁兽的生存受到多种威胁，比如火灾、人类活动以及天敌的捕杀。全球各地的动物园内现存的大食蚁兽数量并不多，也不能保证这种动物的繁育。目前，大食蚁兽的幼崽越来越少，它们也因此濒临灭绝。

正在觅食的大食蚁兽

欧洲盘羊
Ovis orientalis musimon

体长： 120 ~ 135 厘米
尾长： 4 ~ 6 厘米
体重： 25 ~ 55 千克
野生寿命： 20 年

欧洲盘羊
欧洲绵羊的野生祖先

欧洲盘羊是目前已知体形最小的野生绵羊，有学者认为其是欧洲绵羊的野生祖先。欧洲盘羊原产于地中海的撒丁岛和科西嘉岛；后来，它们被引进到欧洲大陆。

雄性欧洲盘羊的角又大又重

雄性身体两侧有白斑

长而弯曲的角

大部分的毛呈棕色

两性异形

　　雄性欧洲盘羊和雌性欧洲盘羊在外貌上有一定差异，这叫作两性异形。相较于雌性，雄性欧洲盘羊体形更大，毛色也更丰富。雄性欧洲盘羊有一对巨大的羊角，像蜗牛壳般呈螺旋状，并会随着年龄的增加而不断生长，据此人们可以推断它们的年龄。欧洲盘羊的毛较短，雄性身体两侧有白斑，像穿着马鞍一般。雌性一般没有角。

雄羊和雌羊

欧洲盘羊的生活

　　欧洲盘羊喜欢在夜晚觅食，但周围环境安全时，它们也会在白天觅食。除了各种草和灌木，它们也吃树叶、橡子、树皮等。欧洲盘羊有绝佳的视力、嗅觉以及良好的听力，适应能力很强，行动敏捷且跳得又高又远，甚至能够攀爬岩石。欧洲盘羊的羊蹄上长有气味腺体，散发出的气味便于盘羊区分族群领地以及在路途中做标记，以便折返时不迷路。

雄羊撞角

雌羊臀部有白色斑块

61

警惕人为物种迁移

　　欧洲盘羊曾是人为物种转移的重要物种，但目前大部分转移行动已被叫停。因为这种人为转移来的外来生物物种，会对森林以及耕地造成破坏，同时也会影响珍稀植物的生长。

繁衍后代

　　雄性欧洲盘羊为了吸引雌性，会用羊角相互撞击，发出巨大的声响。雌羊怀胎5个月后产下幼崽。新生小羊羔重约2千克。直到下一次生产前，幼崽都会一直跟在雌羊身边。

雄性幼崽羊角较小

多只不同年龄的欧洲盘羊组成一个族群

岩羊

Pseudois nayaur

体长： 115～165 厘米
尾长： 10～20 厘米
体重： 20～75 千克
野生寿命： 12～15 年

岩羊
峭壁上的精灵

岩羊，又名崖羊或青羊。"青羊"这个名字更是形象地说明了这种动物的毛色在冬季时呈青色。它个头不大，却能在高山间纵情跳跃。有人误以为岩羊是绵羊的近亲，但实际上岩羊的形态介于野山羊和野绵羊之间。

雌雄皆有角

羊毛呈棕灰色，微带青蓝色光泽

四肢前侧的毛呈深黑色

尾巴短小

岩羊的角

岩羊的角生得美丽，与众不同。雌雄岩羊皆有角，但大小悬殊。雄羊角强壮有力，双角呈"V"形且向后弯曲。年长的雄羊羊角甚至长达80厘米。雌羊角长13厘米左右，比较短小。

高山上的危险

雪豹、狼、熊、金雕等动物是岩羊的天敌，雪崩和火灾也威胁着岩羊的生存。在冬季，岩羊群不仅易发生饥荒，经过陡峭的崖壁时也容易发生意外。岩羊的羊蹄同山羊一般外表坚硬，但边缘到中间是柔软的，这能帮助它们在光滑的表面行走，更好地适应危险的路面。

岩羊的交配季

在高山冰雪融化、气候逐渐变暖的时节，母羊会远离羊群，隐蔽在岩石间生产，通常一胎只生一只幼崽。第一周母羊会寸步不离自己的孩子，哺育幼崽，避免幼崽被野兽攻击。为了不落队，幼崽必须快速成长。冬季快来临时，羊群中的公羊会为了交配而打架。

高山上的生活

岩羊栖息于海拔1 000~5 500米的高山裸岩、高山草甸。岩羊行动敏捷，能够顺利地在悬崖峭壁之间穿行。它们通常吃草本植物、禾本植物、木本植物等。

相较于雄羊，雌羊羊角要小许多

尼泊尔的岩羊

强壮有力的雄羊羊角

63

北极熊

Ursus maritimus

体长： 190～300 厘米
尾长： 10～15 厘米
体重： 雄性 300～700 千克；
雌性 150～400 千克
野生寿命： 30 年

北极熊
雪白的巨兽

北极熊常年生活在冰面上，是大型陆生食肉动物。有研究显示，北极熊由棕熊进化而来，大约在25万年前和棕熊向不同方向进化，进化途中北极熊适应了北极寒冷的生活。

长而稠密的
白色皮毛

庞大的身躯

较小的头

黑色的鼻子

毛茸茸的
大脚

在冰冷海水中的生活

北极熊的熊掌十分宽大，趾间的皮肤褶皱可以充当蹼，有助于它们在海中游泳。有时为了寻找食物，北极熊会花上数周时间在海中游泳。北极熊的潜水时间也能长达两分钟。

不爱冬眠的北极熊

为了适应极寒的环境，北极熊进化出了小头、短耳。北极熊毛茸茸的熊掌如同天然的雪鞋，便于它们在冰面上行走。北极熊同棕熊一般，有冬眠的基因，但它们常常选择不冬眠，在极寒天气下也会保持清醒。

完美无瑕的皮毛

北极熊的皮肤是黑色的，毛是无色的空心管，并在光的作用下呈现为白色。黑皮肤有助于北极熊保暖，无色的毛形成一道完美的屏障，在红外相机下北极熊几乎隐身，只能看到鼻子、嘴以及呼出的热气。

繁衍后代

除交配期外，成年雄性北极熊一般过着独居生活，雌熊往往会带着幼崽或者跟交配期的雄性北极熊在一起。雌熊在怀胎200~250天之后通常会产下两头幼崽，此时幼崽还看不到任何东西，听不到任何声音，光秃秃的，但是它们会迅速长大，在20周大的时候能独自出行。幼崽往往会跟在雌熊身边生活两年左右。

食谱

北极熊几乎只吃肉和动物油脂。海象、麝牛、驯鹿、鱼类、鸟等是北极熊的主要食物。北极熊有时也会吃植物，例如嫩草、浆果、根茎和苔藓。

数量减少

有调查显示，野生北极熊的数量在2万~2.5万头，因为全球气候变暖，这个数量还在急剧下降。若全球变暖持续，预计到2050年，北极地区的北极熊将彻底消失。

印度犀
Rhinoceros unicornis

体长： 300～400 厘米
尾长： 45～80 厘米
体重： 2 000～3 000 千克
野生寿命： 30 年

印度犀
身穿铠甲的动物

印度犀也被叫作独角犀、大独角犀。这种动物看起来就像身着铠甲的骑士。印度犀分布于印度东北部阿萨姆邦河谷以及尼泊尔特莱平原，这里的植被高达3米，叶子的边缘如刀般锋利。在这样的环境下，厚实的皮肤是必要的生存装备。

独角

似铠甲
的褶皱

皮肤上有
小鼓包

庞大的身躯

雄性印度犀比雌性更大、更重

印度犀的生活

印度犀的一天往往在芦苇丛和泥泞的牛轭湖中度过。天气凉爽时，印度犀会从水中出来进食，印度犀主要食用一些水生植物、草、幼苗、叶子、树木嫩芽、灌木。印度犀是独居动物。

有组织的生活

成年印度犀常年穿梭在茂密的芦苇丛中寻找食物、水坑、泥潭。它们在远离栖息地的地方与其他犀牛共食一片草地，但进食时所有犀牛都会保持安全距离。为了能准确认路，它们会在沿途留下排泄物。时间一长，排泄物堆积在一起，味道会弥散很远。

印度犀喜欢泥浴

印度犀排泄物

繁衍后代

雄性印度犀全力求偶成功后，雌性印度犀会产下一崽，并会花两年左右的时间照顾小犀牛。印度犀孕期一般为17个月，三年内母犀只会生育一次。

犀牛家族

世界上现存5种犀牛——印度犀、爪哇犀、苏门答腊犀、黑犀和白犀，它们的生存需要人类守护。

人类的威胁

一部分人认为犀牛肉能治愈疾病，因此将犀牛视为圣物，并大肆捕杀，导致有些种类的犀牛濒临灭绝，其中白犀的亚种北方白犀牛已功能性灭绝。目前，只有印度犀的数量还在增长，爪哇犀、苏门答腊犀数量最少。

幼年印度犀

黑犀

婆罗洲猩猩
Pongo pygmaeus

体长： 130 ~ 180 厘米
尾长： 不详
体重： 30 ~ 115 千克
野生寿命： 35 ~ 40 年

婆罗洲猩猩
前肢特长

　　婆罗洲猩猩属于人科，生活在加里曼丹岛和苏门答腊岛的热带雨林中。这两个岛上的红毛猩猩品种不同，分别是婆罗洲猩猩和苏门答腊猩猩。

雄性婆罗洲猩猩比雌性更大、更重

长手臂

稀疏的红棕色毛

脚掌与手掌相似

婆罗洲猩猩一般在白天活动

强壮的长手臂

婆罗洲猩猩是树栖动物，成年婆罗洲猩猩双臂平举时臂长达到两米，强壮的手臂能带动它们平稳地在树枝间移动。相较之下，它们的双腿显得短小，不适宜长时间行走。

面若盘

野生婆罗洲猩猩最大的特点是身上橘红色的毛，首领婆罗洲猩猩最大的特征是宽阔若盘的脸颊。

首领猩猩的脸像盘子一样

群居生活

雄性婆罗洲猩猩在发情期与雌猩猩交配结束后便会回到自己的领地，因此它不会是所有幼崽的父亲。婆罗洲猩猩家族之间也能保持友好的关系。婆罗洲猩猩家族生活和谐，由成年雄性猩猩充当家中领袖。婆罗洲猩猩并不好斗，它们性情温顺，也不像黑猩猩般喜欢大嚷大叫。

巨大的生存危机

焚烧雨林、种植油棕榈是稀有的婆罗洲猩猩面临的一大生存威胁（其中以苏门答腊岛的情况最为严重）。因此，婆罗洲猩猩保护者倡议不要使用任何棕榈油产品。

雌性婆罗洲猩猩与幼崽

婆罗洲猩猩主要以水果、嫩叶、昆虫、鸟蛋为食

虎鲸

Orcinus orca

体长： 570~980 厘米
体重： 3 000~9 000 千克
野生寿命： 雄性 35~60 年；
雌性 90 年

虎鲸
海洋巨兽

　　虎鲸是海豚科动物中体形最大的物种。虎鲸智力超群，集体捕食能力一流。人们通过故事片和自然纪录片逐渐认识了虎鲸，但对动物学专家而言，虎鲸仍旧是神秘莫测的海洋巨兽。

雄性虎鲸体形比雌性虎鲸大

三角形的背鳍

圆脑袋

尾鳍底部为白色
或浅灰色

背黑腹白

发达的胸鳍

虎鲸轻松跃出水面

繁衍后代

　　雌性虎鲸在怀胎17~18个月后，会生下一头体长超过两米的幼崽，幼崽会得到所有虎鲸的照料。

智力超群

　　虎鲸的捕食方式是许多科学研究的研究对象。虎鲸智力超群，研究表明，它们能够对特定行为产生的后果进行预判。这一点我们能在饲养虎鲸的海豚馆找到证据。尽管虎鲸体形大、力量大，却很少出现攻击饲养员这种事。在大自然中，除非混淆了人类和海豹，否则虎鲸几乎不会攻击人类。

集体捕食

　　一个虎鲸族群一般由不超过50头的虎鲸组成，虎鲸在水中的速度约为55千米/时。在捕食海豹时，虎鲸甚至能够跃出水面或跳上岸。它们喜爱凉水，分布在各大海洋里。作为食肉动物，企鹅、海豹、海豚、鱼类是虎鲸的主要食物。虎鲸嘴里共有20多对向后倒的牙齿。

雌性虎鲸首领

　　最为年长、富有经验的雌性虎鲸是多代虎鲸族群的首领。首领的职责是带领族群前进与捕食。每一个族群都有能够清晰交流的语言，但是虎鲸之间如何相互理解，如何通过回声辨别方向还是未解之谜。

虎鲸能轻松跃出水面，雄性虎鲸的背鳍高高竖起

虎鲸的牙齿没有门齿和臼齿之分

虎鲸集体捕食

非洲野驴
Equus africanus

体长： 170～210 厘米
尾长： 35～50 厘米
体重： 200～250 千克
野生寿命： 超过20年

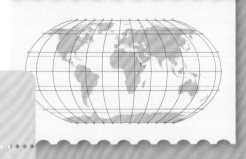

非洲野驴
家驴的祖先

非洲野驴是家驴的祖先，有学者认为，野驴至少进化出了70多个家驴品种。7 000~5 000年前，古埃及的人们驯化了非洲野驴。如今，非洲野驴只剩几百头了。

长耳

长脑袋

尾巴末端长有长毛

毛呈灰褐色

腿上有黑色条纹

非洲野驴的亚种

据说目前在野外仍然有一定数量的两个非洲野驴的亚种存活着，它们分别是索马里驴和努比亚驴。努比亚驴体形更小，索马里驴分布在索马里西部和埃塞俄比亚高原等地区，努比亚驴分布在尼罗河上游、埃塞俄比亚高原南部。这些地区野驴的数量还未可知。专家认为，这些地区即使仍旧有野驴存活，但它们也很难持续繁衍下去。幸好动物园里饲养着这两个亚种。

索马里驴

73

沙漠栖息地

非洲野驴在沙漠以及半沙漠地带栖息，它们感官灵敏，尤其是听觉。非洲野驴的耳朵大而挺拔，能起到有效降温的作用，帮助它们适应炎热的环境。虽然栖息地植被稀少，但非洲野驴逐渐适应了这种环境，对食物没有太多的需求，只要吃到一点草或树皮，它们就能生存下去。

繁衍后代

雌性非洲野驴孕期近12个月，驯养的雌性非洲野驴寿命长达30年，但它们的繁衍速度很慢。

非洲野驴的生活

一个非洲野驴群体通常有几头到十几头野驴，一般群体中有几头雌性野驴和新生的小野驴。

母驴和幼崽

大熊猫

Ailuropoda melanoleuca

体长： 120～180 厘米
尾长： 10～12 厘米
体重： 80～120 千克
野生寿命： 15～20 年

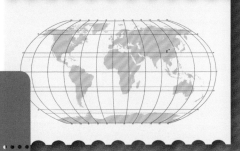

大熊猫
特别的动物

很少有动物能像大熊猫一样广为人知、备受人们喜爱。世界自然基金会（WWF）的标志上就画着一头大熊猫。大熊猫也是世界生物多样性保护的旗舰物种。

其余部位的毛呈白色

雄性大熊猫体形
大于雌性大熊猫

耳朵的毛呈黑色

眼周的毛呈黑色

肩部、前肢、后肢
的毛呈黑色

短尾

亚种

野生大熊猫分布在四川、陕西、甘肃三省交界的高山、峡谷地带。大熊猫有两个亚种，其中一种为秦岭亚种，这种大熊猫腹部略呈棕色，而非黑色。只有少数中国动物学专家了解这一亚种。

挑食

成年大熊猫主要吃竹子，也会吃一些小动物。有些种类的竹子在开花后便会快速死亡。以竹类为主食的饮食方式使大熊猫面临危险。在海拔1 500~3 500米的有大熊猫分布的山区，用不了几个月竹子便会被全部吃完。若竹子被吃完或大面积死亡，大熊猫就有被饿死的风险。

繁育困难

雌性大熊猫一年中只有2~3天发情期，这期间雄性大熊猫的出现尤为重要。大熊猫孕期较短，为83~200天。在野外，若有多头大熊猫幼崽出生，那么通常只有最强壮的那头能存活下来，这与雌性大熊猫一次只会哺育一头幼崽有关。

大熊猫母亲喂养幼崽

躺平吃饭

大熊猫通常不爱活动，吃竹子时大熊猫不会挪动位置，只有当身边的竹子都吃完了，才会伸手拿下一根距离较近的竹子。

幼年时期

大熊猫出生时体重只有100~120克，与成年雌性大熊猫相比，相差千倍。大熊猫幼崽出生时毛发稀疏，眼睛和耳朵还没有发育完全。它们有着粉嫩的皮肤，依赖母亲的喂养与温暖呵护。幼崽在一个月大时会长出黑白相间的毛，6~8周能睁开眼睛，3个月后可以慢慢爬动，而这之前它们只会打滚。一岁半的大熊猫已经能够独自在领地生活。6~8岁时性器官发育成熟。

数量增多

中国对大熊猫的积极保护让其数量不断增加。

大熊猫吃竹子

阿拉伯狒狒
Papio hamadryas

体长： 60~100 厘米
尾长： 40~70 厘米
体重： 15~30 千克
野生寿命： 30~40 年

76

雄性阿拉伯狒狒的体形
比雌性更大、更重

阿拉伯狒狒
群体的力量

狒狒族群是非洲大陆生物链的一部分。阿拉伯狒狒会破坏植物生长，导致草食性动物减少，这无疑会给豹子和老虎的捕猎造成困难。在旱季缺乏水和食物的艰难条件下，阿拉伯狒狒也能存活下来。它们能保护幼崽免受豹子攻击，也会警惕其他潜在的危险。

发红的臀部

微红的脸

雄性狒狒肩部
的毛较长

灰褐色的毛

狒狒家族

除了阿拉伯狒狒外，还有东非狒狒、草原狒狒、几内亚狒狒、豚尾狒狒等。

草原狒狒

杂食性动物

为确保族群安全，阿拉伯狒狒夜晚在参天大树和峭壁上休息。它们白天活动的区域内一般有水源。只要能提供营养，阿拉伯狒狒几乎什么都吃。它们爱吃树叶、植物幼芽、块茎、果实，会掏鸟蛋，也会吃昆虫或蜥蜴。如果时机成熟，小羚羊也会成为它们的猎物。

阿拉伯狒狒依靠四肢行走

群体生活

成年雄性阿拉伯狒狒是家庭的首领。通过犬齿、肩膀周围浓密的灰色鬃毛等特征能辨认出雄性狒狒。在旱季，几个阿拉伯狒狒家庭会联合构成一个家族，多个阿拉伯狒狒家族又联合构成一个单元。单元中的阿拉伯狒狒互相熟识，它们清楚自己在族群中的身份，只有小狒狒无拘无束。

繁衍后代

雌性阿拉伯狒狒肿胀的臀部是发情的信号。怀胎170~190天后，雌性阿拉伯狒狒通常会生出一只幼崽。雌性阿拉伯狒狒会精心照料这只小狒狒且随时把它带在身边。最开始雌性阿拉伯狒狒会把幼崽放在肚子上，以便让幼崽更接近乳头。几个月后，小狒狒能够坐在雌性狒狒背上一起行动。野生阿拉伯狒狒幼崽的死亡率极高，它们多数成了豹子和大型食肉鸟类的猎物。极干旱的天气和食物短缺也会影响它们的存活。

77

阿拉伯狒狒清楚该给谁让路，知道要帮谁挠痒及让谁给自己挠痒痒

蜜獾

Mellivora capensis

身长： 60～70 厘米
尾长： 20～30 厘米
体重： 5～16 千克
野生寿命： 大约 10 年

蜜獾
喜食蜂蜜

有人称蜜獾为"蜂蜜猎手"，或直接叫它们"食蜜者"。非洲大陆的开阔林地、灌木丛、草原、稀树草原、沙漠是这种动物的栖息地。除此之外，有人称在喜马拉雅山周围也有它们的身影，但这一说法并未得到有效证实。蜜獾同时分布在亚洲、非洲，因此有十几个亚种也不足为奇。

头颅较小

背部的毛呈银灰色

毛茸茸的短尾巴

强壮的爪子

锋利的指甲

身体底部的毛呈黑色

貂熊的近亲

　　蜜獾的行走方式不禁让人想起貂熊——这位分布于北美洲和亚欧大陆上的鼬科表亲。貂熊健壮的身躯、强壮的爪子与蜜獾相似。它的毛又长又硬，皮肤更加厚实，皮下脂肪多，能够保护自己免受蛇、蜜蜂、黄蜂的攻击。

蜜獾吃各种各样的食物

蜜獾的生活

　　蜜獾一般在夜间活动，但若需要采蜜，它们也会在白天行动。蜜獾所筑的巢穴很大，但它是独居动物。只有哺育后代的雌性蜜獾会在后代能够独立生活前与后代同住。蜜獾在遇到危险时会朝敌人排出一股臭气。

食谱

　　蜜獾一般在陆地捕食，采蜜时会上树，树上的鸟蛋也时常被它"顺"走。有种鸟能帮助蜜獾采蜜，叫响蜜䴕。响蜜䴕引领蜜獾找到蜂巢，只为捡蜜獾吃剩下的蜂蜜。蜜獾的食谱中不止有蜂蜜，它们也会捕食体形小的无脊椎动物或脊椎动物。蜜獾还会"盗"走豹子藏在树下的猎物。

繁衍后代

　　怀胎50~70天后，雌性蜜獾会产下1~2只幼崽，幼崽会在一年内得到精心照料。大概一岁半时幼崽能够性成熟。

蜜獾嗅觉和听觉灵敏，但视力不好

驯鹿

Rangifer tarandus

体长： 170～210 厘米
尾长： 15～20 厘米
体重： 80～180 千克
野生寿命： 雌性15年；
雄性10年

80

雄性驯鹿比雌性驯鹿
体形大很多

驯鹿
坚持不懈的迁徙者

驯鹿广泛分布在欧洲、亚洲、北美洲的极寒地带。为了躲避严寒，驯鹿每年冬天都要花费很长时间朝南迁徙，夏天逐渐变热时，它们会再次回到北方。

毛呈棕灰色，
夏季呈褐色

白色臀斑

雌雄皆有
鹿角

亮白的脖子

小腿上的
毛呈白色

宽大的鹿蹄

鹿角每年都会脱落

雄伟的鹿角

驯鹿是唯一一种会脱角的哺乳动物，无论雌雄都有鹿角。一些驯鹿亚种的鹿角很大，甚至宽达100厘米，长达130厘米，它们的角还有无数叉枝。一般来说，雄性驯鹿的鹿角比雌性驯鹿的角更大。

食谱

驯鹿是一种以地衣为食的食草动物。冬季，它们能毫不费力地将地衣从雪地里刨出来。驯鹿嗅觉灵敏，听觉和视力发达，甚至能看到紫外线，这能帮助它们及时发现天敌。除了地衣，驯鹿还吃柳树和桦树的嫩芽、青草等。在饥荒时节驯鹿也会吃旅鼠等啮齿动物、鸟蛋、鱼。夏末时节，驯鹿会将蘑菇、蓝莓等作为辅食。

同频共奏

驯鹿的肌腱特殊，所以行走时会发出一种"咔嗒咔嗒"的脚步声。脚步声极大、声调极高。有专家认为，不断回响的脚步声有利于研究驯鹿的迁徙速度，同时也能帮助它们调整前进的节奏。

繁衍后代

雄性驯鹿发情时会互相攻击，用鹿角顶撞对手。战斗期间它们几乎不进食，体重也会下降。瘦弱的驯鹿可能熬不过这段艰难的时期。战斗结束后，最强壮的雄性驯鹿会与大概20头雌性驯鹿进行交配。驯鹿幼崽在4月或5月出生。幼崽需要时不时吃奶，所以它们会在母亲身边待到秋天。

驯鹿与人

欧洲人和亚洲人驯化了驯鹿。驯化了驯鹿的人们过着游牧生活，与驯鹿一起流浪。过去，人们饮用鹿奶和鹿血，将驯鹿的皮制成衣服，将鹿角制作成工具。现在人们很重视对驯鹿的管理和保护。

驯鹿有许多亚种，北方地区驯鹿的毛色要比南方地区的浅

貂熊

Gulo gulo

体长： 65～100 厘米
尾长： 17～25 厘米
体重： 9～25 千克
野生寿命： 8～10 岁

貂熊
寒冷地带的居民

貂熊这种非比寻常的食肉类哺乳动物完美适应了寒冷地带的生活，那里气候寒冷，因此貂熊必须适应严寒和大雪天气。貂熊的毛长而浓密，皮脂腺分泌旺盛，能产生较多油脂，所以皮毛能很好地防水。

由肩部至尾部的淡黄色半环状宽带纹

雌性貂熊的体形比雄性貂熊的小

长而圆的头部

冬季毛呈黑褐色，夏季毛呈棕黄色

蓬松的尾巴

宽大的脚掌

貂熊爬树本领高超，也会游泳

独居动物

貂熊是独居动物，一只雄性貂熊不允许其他雄性貂熊靠近自己的领地。所有的貂熊都有一大片领地，一只雄性貂熊甚至需要600平方千米的领地。貂熊通过肛门腺的分泌物标记自己的领地。雄性貂熊允许雌性貂熊和貂熊幼崽出现在自己的领地中。

食谱

貂熊是食肉动物，吃松鼠、河狸、水貂、水獭、狍子、鹿以及鸟和鸟蛋等。成年貂熊会毫不客气地"拿"走狼和其他猛兽的猎物。秋天，貂熊喜食浆果和蜂蜜。

繁衍后代

每只成年雄性貂熊的领地中会有3~4只雌性貂熊。貂熊交配结束后，直到早春时节胚胎才会发育成熟。若是此时缺少食物，雌性貂熊的胚胎可能无法发育。雌性貂熊通常能生下2~5只幼崽。幼崽刚出生的时候绒毛呈灰白色，没有视力，体重只有100克左右。貂熊的哺乳期为8~10周。哺乳期后，幼崽们会离开自己的窝。在2~3岁时，貂熊的性器官发育成熟。

貂熊能够适应寒冷的环境

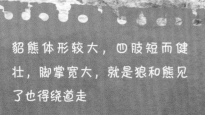

貂熊体形较大，四肢短而健壮，脚掌宽大，就是狼和熊见了也得绕道走

条纹臭鼬
Mephitis mephitis

体长： 50~70 厘米
尾长： 25~35 厘米
体重： 2~5 千克
野生寿命： 6 年

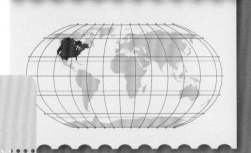

臭鼬
臭味武器的拥有者

臭鼬有多个亚种，广泛分布在北美大陆，条纹臭鼬是其中的典型代表。加拿大、美国、墨西哥都有臭鼬的身影。臭鼬有数不清的动画形象，它们还能通过分泌恶臭的分泌物吓跑敌人，这让臭鼬广为人知。

蓬松的
尾巴

背上的"人"
字形白色条纹

黑色的毛

头上纵向的白色条纹

臭鼬的武器

臭鼬会用黑白两色的毛来吓唬敌人，跺脚声和磨牙声也是它们保护自己的武器。当以上方法不起作用时，臭鼬会转身用尾巴瞄准敌人，然后分泌一种可以喷射2~3米的恶臭分泌物，这种方法往往会奏效。

臭鼬一般在夜
晚更加活跃

繁衍后代

雌性臭鼬怀胎60~75天后，会生下2~10只幼崽。这些幼崽非常小，出生时没有视力和听力，但很快情况就会改变。有学者研究总结，幼崽3周大时就有视力了，7周大的时候能够做出翘起臀部和尾巴的自我保护动作，但还不能分泌恶臭分泌物，在10~11周大的时候就能独立生活。

臭鼬母亲和幼崽

食谱

臭鼬是杂食性动物，主要以无脊椎动物和小型脊椎动物为食，其中包括啮齿动物、蜥蜴、蛇、雏鸟等。除此之外，臭鼬还吃水果、多汁块茎、坚果。

冬日生活

冬季，臭鼬会聚集在同一个洞穴，通常包括几只雌性臭鼬和一只雄性臭鼬。在严寒时节，臭鼬会隐蔽在洞穴中，体温也会有所下降。在此期间，它们秋季积攒的皮下脂肪会被快速消耗。到了春天，臭鼬的体重甚至会比秋天时轻一半。

家宠

臭鼬不但可以在动物园饲养，甚至能养在家里。

臭鼬会在人类
住所寻找食物

非洲象
Loxodonta africanus

亚洲象*
Elephas maximus

体长： 500～700（500～650）厘米

尾长： 80～100（100～120）厘米

体重： 4 000～8 000
（3 500～5 000）千克

身高： 220～400（240～310）厘米

野生寿命： 60～70 年

*括号中的为亚洲象的数据

大象
寿命很长的庞然大物

大象有两个属——非洲象属和亚洲象属。非洲象是目前体形最大的陆生哺乳动物。非洲象属包括非洲森林象和非洲草原象，亚洲象属只有亚洲象。

非洲森林象

宽大的
耳朵

雌雄皆有
的长象牙

偏小的象耳

雌象没有
象牙

亚洲象

非洲象

象鼻底端有两个灵活的突指

象鼻底端有一个灵活的突指

象牙

雌性亚洲象没有象牙，非洲象无论雌雄都有象牙。象牙可以用来掘土、刨树根。尽管大象没有什么天敌，但它们会用象牙与同类争斗。

重要的臼齿

大象的臼齿重5千克，长30厘米，可以用来咀嚼食物，结构庞大。在旧牙老化后，新牙会向前推挤，取代旧牙。大象一生中会经历6次换牙，最后一副牙齿用旧后，大象会因为无法正常进食而死亡。

打斗中的大象

大象的交流方式

大象在兴奋的时候会从象鼻发出声音，但它们是通过人类听不到的次声波来交流的。对大象来说，即使在20千米开外，它们也能听到同伴发出的次声波。

繁衍后代

大象的孕期一般为21~22个月，且一胎往往只能生下一头幼崽。雌性大象在9~12岁时性发育成熟，雄性大象还要再晚一些。大象寿命很长，甚至能活到70岁。通常来说，大象在50岁左右，最后一副牙齿老化后开始明显变老。

大象的感官

大象的嗅觉极其灵敏，听力也非常好，但视力很弱。尽管在大脑袋的衬托下眼睛显得很小，但实际上大象的眼睛很大。

大象的生活

大象是群居动物，最为年长的雌性大象是象群首领。由几头或十几头雌性大象构成的象群中往往还有2~3头幼崽。成年的雄性大象是独居动物。

象鼻

除了强大的嗅觉功能外，象鼻能够帮助大象进食、捡东西、战斗、教育幼崽、饮水。

狐獴

Suricata suricatta

体长： 25~35 厘米
尾长： 20~25 厘米
体重： 0.70~0.75 千克
野生寿命： 6 年

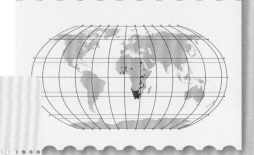

狐獴
沙漠小哨兵

狐獴分布在非洲广阔的草原和沙漠地带。它们是群居动物，群体中有严格的等级制度。狐獴之间相互合作，共同照顾幼崽以及看护领地。狐獴直立时静止不动的样子十分有趣，就像一个站岗的士兵，这种形象也经常出现在纪录片中，让狐獴备受人们喜爱。

黑色的小耳朵

毛为棕褐色、棕色或灰色

眼睛周围是黑色的

尾巴末端是黑色的

背部有短纹

狐獴的生活

狐獴属于群居动物，群体首领由雌性狐獴担任。此外，狐獴群体中还有一只雄性首领，由雌性首领选出。狐獴挖掘的洞穴幽深而复杂。它们会标记自己的领地，坚决不许其他狐獴侵犯。狐獴经常会轮流在领地边界巡逻。狐獴幼崽受所有狐獴的庇护。总会有一只成年狐獴负责站岗放哨，以便发现潜在危险。遇到危险时，站岗的狐獴会发出刺耳的声音来警告其他狐獴注意危险。

狐獴视力佳、听力灵敏

食谱

狐獴是一种小型杂食动物，主要食肉，但因为对大部分毒素免疫，所以也吃蜥蜴、蝎子、蛇。狐獴也不会放过地面巢中的鸟蛋和雏鸟。除了肉类，狐獴还会食用多汁的水果和块茎，以此来补充水分。

狐獴幼崽

天敌

一些食肉类哺乳动物、鸟类和蛇是狐獴的天敌。比如疣猪经常破坏狐獴的洞穴，以捕捉藏在地下洞穴里的狐獴幼崽。

狐獴是昼行性动物，但在正午炎热时会藏在洞穴中

繁衍后代

通常来说，只有雌性狐獴首领能够生育后代，但在规模较大、食物充足的群体中不止一只能够生育的雌性狐獴。怀胎60~80天后雌性狐獴会生下还没有视力的狐獴幼崽，它们的体形和小老鼠一般。狐獴一胎一般生产2~4只幼崽。狐獴幼崽成长迅速，一个月左右已经能吃其他狐獴抓捕来的食物。一岁左右狐獴性发育成熟。

哨兵狐獴

黑猩猩*
Pan troglodytes

体长： 130～170 厘米
尾长： 暂无数据
体重： 30～80 千克
野生寿命： 40～50 年

*黑猩猩目前有4个亚种

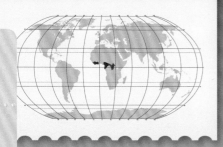

黑猩猩
聪明的类人猿

　　黑猩猩是高智商群居动物，黑猩猩的智慧和潜能常常令研究者叹服。黑猩猩会使用工具，能集体行动。它们在群体中创建了联盟和小团体，并经常参与到与之毗邻的黑猩猩团体的战斗中。黑猩猩有体会爱与恨的能力。黑猩猩有一套复杂的手势、声音交流系统，有时也会借助肢体语言和表情进行沟通。

圆耳朵

黑色或者深棕色的毛

手臂长于腿

长长的手指

拇指较短

雄性黑猩猩体形远大于雌性黑猩猩

雄性黑猩猩用嚎叫声来展示自己在族群中的地位

食谱

黑猩猩以不同种类的植物嫩芽、树叶、块茎、水果为食，同时也吃小型无脊椎动物、鸟蛋、幼雏，有时黑猩猩也会非常有计划有组织地捕猎猴子。狩猎结束后，所有黑猩猩会共享猎物。

非人科

虽然大多数国家明文禁止对黑猩猩进行医学实验，但人们还是从实验室解救了不少黑猩猩。有些人还试图从法律层面将黑猩猩划分到"非人科"，尽管此举唤醒了人们对现代动物法以及人与动物标志性区别的严肃思考（例如，黑猩猩有很大一部分的基因与人类相同），但仍然遭到了强烈的质疑。

黑猩猩的生活

黑猩猩分布在非洲中部不同的环境中，大草原、丛林、沼泽地都能看到它们的身影。黑猩猩属于昼行动物。晚上黑猩猩会睡在树上的窝里，一个窝只睡一晚，它们每一晚都要搭个新窝睡觉。

繁衍后代

首领黑猩猩不必成为所有黑猩猩幼崽的父亲。如此一来，所有族群中的黑猩猩都会一起来照顾幼崽。黑猩猩孕期一般为225~245天。雌性黑猩猩一般一胎只生一只幼崽，生下双胞胎的可能性很小。4~5岁大时，小黑猩猩开始独立生活。6~10岁大时，小黑猩猩长大成熟，但会一直和母亲保持情感联系。

黑猩猩四肢着地在地上行走

贡山羚牛
Budorcas taxicolor taxicolor

体长： 160～220 厘米
尾长： 12～20 厘米
体重： 250～400 千克
野生寿命： 12～15 年

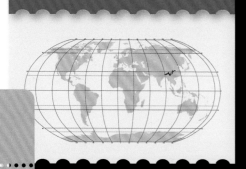

贡山羚牛
鼻吻像鹿

19世纪，国外的一位生物学家宣布发现了雪人的踪迹，在接下来的短途调查中，他又发现了蹄类哺乳动物的新品种并做了记录。这个新品种分布在喜马拉雅山东部。人们称这种动物为"塔金"，也就是贡山羚牛。这种不一般的动物在当地还有许多其他的名字。贡山羚牛已经适应了高寒地区的生活环境。

毛呈淡黄色至棕褐色

雄性贡山羚牛体形大于雌性

雌雄都有向后弯曲的角

短而健壮的四肢

较大的头部

走近贡山羚牛

贡山羚牛是很神秘的动物，人类对它们的了解十分有限。战败的成年雄性贡山羚牛过着独居生活。它们利用排泄物标记领地。在贡山羚牛的身体上以及它们所到之处的石头和树干上都有排泄物的痕迹。在夏季，族群中的雌性贡山羚牛和小牛犊的总数甚至能超过100头。到秋季，族群中贡山羚牛的数量便会减少。

贡山羚牛大鼻子中的窦腔能将吸入的空气加热后送进肺部

贡山羚牛用自己的粪便做标记

繁衍后代

雌性贡山羚牛在分娩时不会离开族群。贡山羚牛孕期约240天，在3月底或4月时雌性贡山羚牛会进行生产，一般一胎只能生一崽，生出来的小羚牛会寸步不离母牛，而母牛会紧跟着族群。

群体防守策略

有研究人员认为，成年贡山羚牛没有天敌，但小贡山羚牛在高山上会遭到豹、狼、豺等动物的攻击。在遇到野兽攻击时，成年贡山羚牛会头朝外紧密地凑在一起，然后各自朝攻击者冲去。首领羚牛会指派一头雄性羚牛负责查看敌情，剩下的羚牛听从指挥。

行走在陡峭的山坡上

当天气逐渐变冷时，贡山羚牛会从高山上向下迁徙，有时甚至能到山谷，这是为了找到足量的食物。贡山羚牛喜欢待在河岸边和长有茂密森林的地方，喜欢安静的环境，有盐的地方也会成为贡山羚牛的聚集地。贡山羚牛常常走相同的路，即使是在陡峭的山坡上，它们也选择沿着笔直的崖壁行走。它们同许多高山动物一样能够在崖壁上找到落脚点。

小贡山羚牛

羚牛家族

研究人员根据羚牛的DNA、形态等，将羚牛的4个指名亚种变更为4个独立种，分别是贡山羚牛、四川羚牛、不丹羚牛、秦岭羚牛。

秦岭羚牛

低地貘
Tapirus terrestris

体长： 180～250 厘米
尾长： 5～10 厘米
体重： 200～250 千克
野生寿命： 25～30 年

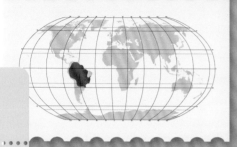

94

低地貘
似猪不是猪的动物

低地貘也叫南美貘。虽然低地貘长得像猪，但其实它和猪没有任何关系。它们长而柔软的吻鼻与象鼻极为相似，但没有象鼻那么多的使用功能。

毛呈灰棕色
至深褐色

和猪类似的体形

白色的耳朵边

颈部的毛色较浅

长鼻向下弯曲

短尾

头顶至颈背长有深色的短鬃毛

低地貘的生活

低地貘多生活在靠近水的地方，是游泳健将，为了吃到水下植物，它们甚至会潜水。低地貘是夜行动物，白天它们隐藏起来休息。它们之间通过特殊的叫声进行交流。

繁衍后代

雌性低地貘孕期约400天，且往往一胎只能生下一只8~10千克重的幼崽。母貘会精心照顾幼崽，当其他动物被判定为敌人时，母貘会发起猛烈的攻击。幼崽出生400天后能够独立生活，在这之前需要母亲照顾。幼貘在4岁时性发育成熟。

幼貘的毛色为深棕色，皮肤上有浅色条纹及斑点，这便于它们隐藏

天敌

成年低地貘的天敌有美洲豹和美洲狮。另外，人类也猎杀貘，吃貘肉，剥貘皮，因此，低地貘不喜欢靠近人类居住地。

貘家族

貘有5个亚种。亚洲只有亚洲貘，分布在马来半岛和苏门答腊岛。其他的品种分布在中美洲和南美洲的热带地区，分别是低地貘、中美貘、卡波马尼貘、山貘。

山貘

亚洲貘特别的毛色

老虎
Panthera tigris

体长： 140～330 厘米
尾长： 55～110 厘米
体重： 100～420 千克
野生寿命： 15 年

相较于雌性老虎，雄性老虎更大、更重

老虎
百兽之王

老虎作为陆地上最大的食肉动物之一，可谓家喻户晓，然而世界上所有品种的老虎都濒临灭绝。目前仍然有偷猎者捕杀老虎。有些人认为老虎的身体组织可以用来治疗多种疾病，还能强身健体，但这并没有可靠的科学依据。

大脑袋

毛多呈淡黄色，有黑色横纹

腹部毛色较浅

长尾巴

每只老虎的横纹都是独特的

繁衍后代

雌性老虎一胎一般会生2~3头幼崽，有时甚至能生7头。新生幼虎约1千克重，没有视力，对母亲依赖性强。幼虎两个月大时能够跟在母亲身后行走。之后两年多的时间，雌虎照顾幼虎，教授它们狩猎和抵御危险。一般每2~3年雌性老虎会生产一次，但若有新生幼崽死亡，这个繁育周期也会缩短。

逐渐缩减的栖息地

过去，老虎在亚洲有着较为广阔的栖息地。近100年来，全世界老虎的栖息地缩减了95%。如今，各国不断实施保护老虎的措施，以保护老虎及它们的栖息地。

感官灵敏

老虎感官发达且灵敏，听力极好。成年老虎战斗力极强，善于狩猎鹿之类的哺乳动物。

亚洲老虎家族

世界上现有6个老虎亚种。数量最多的是孟加拉虎，现存大约3 000头。其余亚种分别是：东北虎、印支虎、苏门答腊虎、华南虎、马来虎。通过老虎的名字可以知道它们在亚洲的分布地区。

孟加拉虎

东北虎

毛色较浅的老虎较为稀少，但它们不是一个新的亚种

老虎叼着猎物

北美豪猪
Erethizon dorsatum

体长： 65～100 厘米
尾长： 15～30 厘米
体重： 5～18 千克
野生寿命： 10 年

98

北美豪猪
在树上生活

北美豪猪这种长相怪异的啮齿动物分布在北美洲。它们喜欢藏身于树洞中。北美豪猪在恐吓敌人时会发出磨牙声。除了剃须刀般锋利的牙齿外，北美豪猪还长有尖端为倒钩状的棘刺，感觉到危险时会用棘刺御敌。

深褐色或黑色的毛

臀尾上的尖刺

小耳朵

小吻鼻

粗尾巴

脚掌末端的厚爪

北美豪猪的生活

北美豪猪是夜行性动物，多数时间在树上生活。它们是独居动物，但在冬季，关系亲近的北美豪猪会生活在同一个洞内，组成一个团体。面对危险时，北美豪猪会往树上爬，但若是失败了，它们便会用棘刺恐吓敌人。有时棘刺能起到有效的保护作用，但更多情况下，棘刺无法完全抵挡饥饿的野兽，因此能够活到老的北美豪猪不多。

食谱

北美豪猪一般吃植物的叶子、幼芽，有时也吃水果，冬天会吃树皮。秋季，北美豪猪会囤积脂肪准备过冬；冬季，北美豪猪不冬眠，即便在寒冬的夜晚，它们也会待在树上进食；春季，因为过冬时消耗掉了大部分脂肪，北美豪猪要轻上很多。

北美豪猪是食草动物

繁衍后代

9月或10月是北美豪猪的发情期。雄性北美豪猪为了争抢配偶会相互打斗。雌性北美豪猪怀胎210~215天后会生出一只幼崽，幼崽貌似成年北美豪猪，但还没有相同的棘刺。两岁大的时候，幼崽才会长出棘刺。小北美豪猪会成为狼、美洲狮、貂熊、熊、郊狼等食肉动物的猎物。

北美豪猪行动缓慢，但很会爬树

目前野生北美豪猪没有灭绝危险

雌性北美豪猪和幼崽

单峰驼
Camelus dromedarius

双峰驼
Camelus bactrianus

体长： 220～350 厘米
尾长： 45～50 厘米
体重： 500～1 000 千克
野生寿命： 50 年

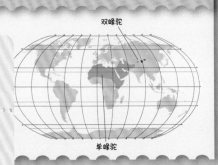

双峰驼

单峰驼

骆驼
沙漠行者

骆驼是完美适应了沙漠环境的大型哺乳动物。人类利用骆驼，在广袤无垠的沙漠进行长途旅行。然而，澳大利亚的野生骆驼会吃掉生长在澳大利亚大陆深处的珍稀植物，对生态造成破坏。

单峰驼

一个驼峰

能开闭的鼻孔

长脖子

两个驼峰

长腿

双峰驼

人类的好帮手

单峰驼已野外灭绝，人类不再有机会了解或描述它们。人类驯化了单峰驼后，用来驮物、骑行、竞技、产奶。野生双峰驼生活在中亚沙漠地区，双峰驼也已经被驯化。

沙漠生活

在沙漠中人类需要每隔一小时喝1升水。体形如此庞大的骆驼却只需要人类饮水量的1/4。骆驼的身体机能使它们能在炎热干燥的环境中生活。骆驼能够通过呼吸吸收水分，而且尿液高度浓缩，驼峰中也储存着将近45千克的脂肪，通过代谢作用能够分解成水。另外，骆驼的脂肪同厚实的骆驼毛一般，能够起到隔离太阳辐射的作用。人类的身体若缺水达到10%会面临死亡，骆驼却能在缺水30%时依旧生存。骆驼喝淡水和咸水，吃草及灌木等。

闭塞的鼻孔和浓密的长睫毛能防沙尘

幼年骆驼

繁衍后代

野生骆驼是群居动物，一个群体中往往有几头雌性骆驼、小骆驼，以及一头作为首领的雄性骆驼。雄性野骆驼在发情期会吐出一个肉球，还会甩溅尿液。雌性骆驼在怀胎12~13个月后会生下一头幼崽，哺乳期约一年。

宽大的骆驼蹄便于它们在沙漠中行走

沙漠骆驼运输队

北美灰松鼠

Sciurus carolinensis

体长： 30 厘米
尾长： 19～25 厘米
体重： 0.4～0.7 千克
野生寿命： 12 年

北美灰松鼠
入侵物种

　　北美灰松鼠性格温和，原产于北美洲，19世纪被人为迁到英国，后又被迁往爱尔兰和意大利。北美灰松鼠对欧洲的本地松鼠造成了冲击，也威胁到了鸟类的生存。北美灰松鼠携带的松鼠痘病毒，对欧洲的红松鼠来说十分致命。

毛茸茸的尾巴

小耳朵

毛呈灰色

腹部的毛为白色

松鼠的生活

北美灰松鼠在清晨和傍晚最为活跃。炎热的午后它们通常会休息，休息时会待在树洞或自己在树上搭的窝中。松鼠窝由苔藓、干草、树枝等搭建而成。

食谱

北美灰松鼠是杂食性动物。一般以植物的种子和嫩芽为食。冬季食物匮乏，北美灰松鼠也会选择啃食树皮。秋季，北美灰松鼠会囤积食物准备过冬。靠着敏锐的嗅觉和记忆力，北美灰松鼠寻找食物不成问题。

蘑菇也在北美灰松鼠的食谱中

繁衍后代

成年雌性北美灰松鼠一年内至多能够生产3次。只有在发情期雌雄松鼠才会见面，所以幼崽由雌性北美灰松鼠独自养育。雌性北美灰松鼠孕期约6周，幼崽出生时无毛，没有视力。雌性北美灰松鼠一胎一般有2~5只小松鼠出生。小松鼠在树洞或搭建在建筑夹缝的窝中长大。北美灰松鼠哺乳期约10周，幼崽会在接下来的几周学会独立生活，这期间，雌性北美灰松鼠会再次怀孕。

103

受北美灰松鼠入侵影响的本地松鼠

外来入侵物种是指在入侵的生态系统中形成了自我再生能力，并给当地生物多样性、生态系统或景观造成明显损害或影响的外来种

年幼的北美灰松鼠

鬃狼

Chrysocyon brachyurus

体长： 120～130厘米
尾长： 30～40厘米
体重： 20～25千克
野生寿命： 13～15年

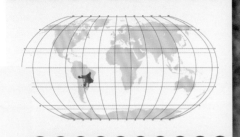

鬃狼
酷似长腿狐狸

鬃狼是南美洲体形最大的犬科动物，栖息在巴西、玻利维亚、巴拉圭和阿根廷的开阔草原和稀树草原。

毛茸茸的尾巴，末端的毛为白色

深色的鬃毛

大耳朵，耳朵内侧长有白色的毛

毛呈金红色

濒危动物

鬃狼已经是濒危动物了，过去，研究人员甚至想要克隆鬃狼避免它灭绝。

长腿下半部分的毛为深色

前腿比后腿短

顺拐走路

鬃狼是一种顺拐走路的动物。还有一些长腿动物也顺拐，比如长颈鹿和骆驼。与正常的行走方式不同，顺拐的行走方式是先迈出一侧的腿，再迈出另一侧的腿，因此鬃狼行走时看起来怪怪的。顺拐行走的动物难以跳跃障碍物，奔跑时启动速度缓慢。

鬃狼母亲和幼崽

愤怒的鬃狼会竖起鬃毛，这让它显得更大

由于生活在长满高草的草原中，鬃狼进化出了长腿

鬃狼的生活

鬃狼的相貌以及捕猎方式都更像狐狸而非狼。鬃狼一般吃啮齿动物和鸟，也会吃小型爬行动物、昆虫，有时也吃水果。鬃狼与野鼠的活动周期吻合，经常一整晚狩猎。鬃狼身上浓烈的体味让每个遇到它的人都难以忘记。

繁衍后代

雌性鬃狼怀胎两个月后会产下1~5只幼崽。幼崽会被养在地洞或山洞中。小鬃狼在能够独立生活之前与父母住在一起，能够独立生活之后才会离开家族的领地。小鬃狼天性爱玩，白天也十分活跃。鬃狼一岁时性发育成熟。

麝牛
Ovibos moschatus

体长： 180～250 厘米
尾长： 7～10 厘米
体重： 200～350 千克
野生寿命： 25 年

雌性麝牛比雄性体形小很多

106

小麝牛与母亲

麝牛
喜欢凉快

麝牛也被称为麝香牛，栖息在地球北部的寒冷苔原地区。麝牛群永远在迁徙，它们穿越广阔的区域寻找食物。麝牛无法忍受炎热和潮湿，随着全球气候变暖，它们的栖息地正在缩小。

微微隆起的牛背

长而浓密的毛

牛角朝天
(雌雄皆有)

短而粗的腿

繁衍后代

雌性麝牛孕期至少为8个月,之后会生下一头幼崽,刚出生的麝牛能够立刻跟着母亲同麝牛队伍一起行走,这也是它存活的必要条件。

防御策略

面临狼群攻击等危险时,雄性麝牛会紧紧地凑在一起,形成一个防御圈,保护圈内的雌性麝牛和幼崽。它们的牛角朝向天敌,成为天敌无法克服的屏障。

驯化

近些年来,人类将麝牛迁往挪威斯匹次卑尔根岛、俄罗斯泰梅尔半岛和弗兰格尔岛,还试图在加拿大、美国、挪威人工饲养麝牛。

有研究认为,目前野生麝牛约有10万头

麝牛长而浓密的毛,使其不畏严寒

107

公牛之战

一头强壮的雄性麝牛的奔跑速度甚至能够达到60千米/时,互相打斗的两头公牛的牛角互相撞击时发出的声音能传遍四周。获胜的公牛必须在几回合后还能站得住脚且能够继续战斗。年龄较大的公牛经验丰富,但年轻的公牛就得十分小心了。

打斗中的雄性麝牛

草原斑马
Equus quagga
细纹斑马
Equus grevyi
山斑马
Equus zebra

体长： 220～300 厘米
尾长： 45～75 厘米
体重： 250～450 千克
野生寿命： 30～35 年

斑马
条纹马

世界上有3种斑马，主要分布在非洲。草原斑马有6个亚种，野生数量最多，生活在稀树草原和大草原上。在热带稀树草原上可以看到细纹斑马，又称格氏斑马。还有一种是山斑马，它有两个亚种，生活在非洲南部和西南部的山地，它灭绝的风险很大。

雄性斑马比雌性斑马重很多

草原斑马

黑色的条纹

浓密的鬃毛

尾巴上长有长毛

浅色的条纹

细纹斑马

斑马的条纹

过去，人们认为斑马是白色的皮肤上长有黑色的条纹，如今我们知道事实恰恰相反——斑马的皮肤是黑色的。关于斑马神奇的毛色的假说认为，斑马身上的条纹是为了让斑马在传播危险疾病的蝇面前"隐身"。蝇只能识别点状集合物，所以无法识别有条纹的斑马。这有两个证据：1.非洲北部没有这种蝇，但有不同种类的单色的驴；2.在非洲南部，也没有这种蝇，但曾生活着没有条纹的单色斑马。值得注意的是，这种假说在一些试验中并不成立，所以可能是错误的。还有一种被广泛认可的假说认为，斑马皮肤表面存在一种降温机制，斑马的白色条纹和黑色条纹受热不同，能促进条纹间的空气流动，让斑马凉快。

群居还是独居？

草原斑马过着群居生活。成年雄性细纹斑马以独居为主，雌性细纹斑马与幼马以群居生活为主。山斑马以群居生活为主，群体中往往有一匹成年雄性，几匹雌性山斑马和一些幼马。斑马是食草动物，以吃草为主。

繁衍后代

不同品种的斑马孕期不同，一般在370~390天。斑马一出生就能站立和行走。斑马4岁左右时性发育成熟，雄性斑马性成熟时间比雌性斑马要晚一些。

斑马的奔跑速度高达60千米/时

109

濒危物种

所有品种的斑马数量都在减少，但灭绝风险最大的是哈氏山斑马，它是山斑马的一个亚种。

草原斑马生活在更大的群体中

哈氏山斑马

长颈鹿

Giraffa camelopardalis

体长： 600～800 厘米
尾长： 60～80 厘米
体重： 700～2 000 千克
野生寿命： 27 年

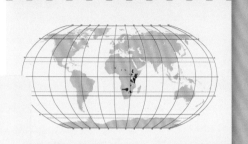

相较于雌性，雄性长颈鹿
更大、更重

长颈鹿
长颈"美人"

长颈鹿是最高的陆生动物。过去，除北部的沙漠地区、西部的丛林和马达加斯加岛外，长颈鹿几乎分布在非洲的各个区域。如今，长颈鹿的分布范围已经大幅缩小了。

雌雄皆有的
小鹿角

双眼间
有鼓包

长脖子

躯干从肩到臀向下倾斜

全身遍布棕黄
色的网状斑纹

尾巴末端的
深色长毛

马赛长颈鹿

修长的四肢

走路顺拐

长颈鹿走路顺拐。它们走路时会先移动同侧的腿，而非像大多数动物一样移动不同侧的腿。长颈鹿的走路方式与骆驼和鬃狼相同。

繁衍后代

雌性长颈鹿过着群居生活，在发情期时雄性长颈鹿会加入它们。雄性长颈鹿为了获得雌性青睐会互相打斗。打斗时双方会使用大长腿或甩动长脖子攻击对方。怀胎15个月后，雌性长颈鹿会产下一头幼崽，幼崽身高至少180厘米，体重70~80千克。小长颈鹿成长速度很快，因为母乳中富含脂肪和蛋白质，所以小长颈鹿几乎每天能长1千克。小长颈鹿是狮子、豹、鬣狗和狼的猎物。雌性小长颈鹿约在4岁时性发育成熟，雄性在5岁左右。

长颈鹿家族

根据长颈鹿皮肤上斑的形状和排列方式，长颈鹿曾经被分为9个亚种，但根据基因研究，长颈鹿的分类方式发生变化。长颈鹿不再分为9个亚种，而是4个独立的物种：南方长颈鹿、北方长颈鹿、网纹长颈鹿、马赛长颈鹿。

长颈鹿之间的交流

我们都以为长颈鹿不能发声，但其实长颈鹿能够发出多种信号，其中就有人类听不到的次声波。

长颈鹿喝水时的标志性姿势

食谱

长颈鹿主要以树叶和草为食，刺槐树叶是长颈鹿的常见食物。灵活的长舌头可以帮它们顺利吃到树叶。长颈鹿的舌头和嘴唇构造特殊，不会被树枝扎伤。因为脖子长，长颈鹿能够吃到很高的树上的树叶，这对草原上的其他食草动物来说是不可能的。

长颈鹿吃刺槐树叶

动物园如何运作？

　　常常有人问我："为什么要去动物园？""在动物园能学到什么？""电视上不是也有许多关于自然的电影和电视节目吗？"我回答道："亲自观察和分析是了解动物的最佳途径。这可不简单。"还有人问我："从书中我们能够学到什么？"好吧，可能学到很多，可能什么也学不到，这不仅取决于个人意愿，更重要的是我们是否能理解书中的语言，能否跳出具体的字、词、句，领悟其中的含义。

波兰华沙动物园的大象

动物园的职能

现代动物园主要有4种职能：饲养野生动物、教育培训、科学研究和休闲娱乐。有些动物园还有第5种职能，即为受伤的野生动物进行疗养。

饲养野生动物

饲养野生动物有一套严格的程序。从事驯养繁殖野生动物的单位和个人，必须取得《国家重点保护野生动物驯养繁殖许可证》（以下简称《驯养繁殖许可证》）。具备下列条件的单位和个人可以申请《驯养繁殖许可证》：

（一）有适宜驯养繁殖野生动物的固定场所和必需的设施；（二）具备与驯养繁殖野生动物种类、数量相适应的人员和技术；（三）驯养繁殖野生动物的饲料来源有保证。

CITES是《濒危野生动植物种国际贸易公约》的英文缩写，公约限制交易濒危野生动植物

教育培训

　　动物园每年都会接纳大量访客。通过动物园，访客不仅能够加深对动物的了解，更重要的是能清楚动物面临的威胁。一般情况下，动物园会开展培训和讲座。动物园会通过多种方式传播动物的相关知识，每隔一段时间也会开展有关濒危动物及其栖息地的主题教育活动。

科学研究

　　现代动物园是学者的研究基地，观察动物是他们主要的研究内容。因为某些野生动物已经灭绝或不易寻找，所以在野外进行观察要么不可能，要么很难。有些动物园内也会进行一系列专业实验。对动物感兴趣的人可以在动物园内观察动物的日常，探索动物的奥秘，而不用专门跑到遥远的动物栖息地。

弗罗茨瓦夫动
物园的长颈鹿

休闲娱乐

　　动物园是可以安全舒适地参观美丽、有趣的动物的地方，也是与亲朋好友共度时光的极佳场所。动物园也会不断传播保护动物的知识，教会我们爱护动物。总之，若想对动物和大自然有更深的了解，动物园是值得一去的。